阳台菜园

安心蔬菜自己种

有机栽种全图解

从播种育苗到追肥采收，28种好种易活的美味蔬菜

谢东奇 著

辽宁科学技术出版社
·沈阳·

推荐语

在家种菜，不必等到退休

因为“菜”而与东奇结缘。

初次听见东奇讲述他正在推广“家庭菜园”时，觉得这个构想很棒，不但可以让人体验种菜，也能乐在其中，不过多数人不知如何着手而作罢，因此东奇萌生了写书的念头，希望能把理论结合实际的经验分享给大家，用简单的方法教授基本的观念，观念通了，自然种什么都容易成功，这本书非常值得家庭种菜爱好者或种菜初学者收藏。

自然的生活是大多数人所向往的。越来越多的人希望在年轻时多打拼，可以到老的时候买一块地，退休后自己种菜，享受田园的乐趣。我们常在想，“适地适种”“身土不二”，人跟土地、植物之间的三角关系，一直是一个很奥妙的话题。土壤照顾好了，养分增加了，植物长好了，营养也增加了，人吃了之后身体自然更健康。

古人种的菜吃起来会有菜的香味，那是因为菜是慢慢长、慢慢大，营养也可以慢慢地累积，多吸收一点土地与阳光的精华，自然就变得好吃了。自己在家种菜，可以看到菜的生长过程，也可以学习如何与你的菜做好朋友，让自己的心灵沉淀下来，同时也让家人吃到健康无污染的蔬菜。心动了吗？聪明的你可以开始动手在家种安心蔬菜。

沛芳有机农场

吴成富，洪静芳夫妇

都市人也能"乐活栽"

小时候，外公家种茶，这是我第一次接触农业。

我家的后院有一大片地可以种菜，在菜园里的时光，也成为我小时候深刻的记忆。菜园是我玩耍的基地，每到傍晚，妈妈总会要我去采些菜回来，这些在当时习以为常的生活，在我长大到台北上班之后，显得格外珍贵。很怀念妈妈在厨房大喊："东奇，等一下拔些香菜回来。"

儿时的生活，影响我后来选择居住的环境。对我来说，不能种菜的房子不算是好房子，所以我决定从台北搬回桃园老家居住。

人人都能在家种安心蔬菜

回桃园后，看到爸爸种菜过程中的喜悦，也把种菜的成果分享给邻居好友，让大家都能共享自己种的安心蔬菜。心想这种单纯的喜悦，不应该只有乡下人才能拥有，要让都市人在家也能获得同样的乐趣，甚至通过栽种，达到释放压力的效果。于是，我开始思索研究都市家庭种菜的可能性。

人们三餐所食皆与农业息息相关，但大部分人却很少去了解农业。市场贩卖的菜是怎么种的？什么季节该吃什么蔬菜？怎样买？买什么才安全？通过自己种菜来认识农业，除了可以吃到自己种的安心蔬菜之外，更能体会到食物的珍贵与价值。试想，若我们辛苦九十天才种出卷心菜，你愿意卖多少钱？

蔬菜价格常有波动，价高时会抱怨，但价低时却不懂珍惜，甚至浪费食物。我们的农产品价格存在一些供销问题，非一般人可以去改变，尽管如此，我们还是可以通过平时的行为来影响：我们吃什么、买什么，决定农民种什么、怎么种。所以，要支持本地作物，让真正种好东西、供给我们食物的农民，得到应有的公平与报酬。

都市种菜非难事

农业可说是一门比科技更科技的产业，一个人不能了解所有农事。除了分享《阳台菜园：安心蔬菜自己种》这本书中的农作知识与种植经验之外，我更要感谢沛芳有机农场的吴成富先生、福山有机农场的谢源财先生、清心园有机农场的宋辉云先生、乐活有机农场的沈朝扬先生、耕心田有机农场的黄照铭先生，以及总编辑翠萍，编辑静恩，摄影阿志、阿亿等不辞辛劳的协助，让本书顺利诞生。还要感谢桃园农业改良场以及桃园农会，提供农业专业知识与农业问题解决方法的渠道。

农事并非三言两语所能道尽的，其中乐趣只有实际体验的人能了解，因此平时除了种菜、演讲之外，见人就说种菜的事已变成我生活的一部分，期待能影响更多人了解种菜，实际体会农民生活，让栽种更有机、更公平、更环保、更健康。

CONTENTS 目录

1 新手种菜第一步

2 根茎 · 瓜豆果类栽种步骤大图解

豌豆
Garden pea
p.62

西红柿
Tomato
p.66

3 结球·花菜·香辛类栽种步骤大图解

大白菜
Chinese cabbage
p.72

青花菜
Sprouting brocoli
p.76

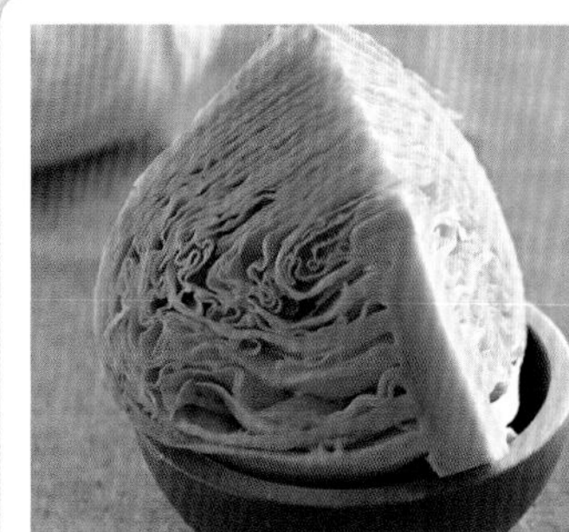

卷心菜
Common cabbage
p.80

辣椒
Chilli
p.84

九层塔
Basil
p.88

4 叶菜类栽种步骤大图解

1

新手种菜第一步

想要当个城市农夫吗？

想要拥有阳台菜园吗？

不用担心要从何下手，

准备好工具，检测好家中环境，

把握日照、土壤、施肥、水分等要领，

让你一年四季在家就能采收蔬菜！

你家的日照充足吗？

菜要种得好，首要条件就是要有充足的阳光，因为阳光是植物进行光合作用的重要元素。

全日照的蔬菜才能长得好

有些植物需要全日照，有些仅需半日照（如：红凤菜）。**对于大部分（几乎所有）蔬菜来说，全日照是最理想的日照量。**所谓全日照是指一天的太阳直射时间在8小时以上；半日照则指一天的太阳直射时间为4小时左右。

都市种菜能选择的环境不多，不外乎阳台、顶楼、庭院等地方，顶楼只要不被较高层的邻楼挡住，阳光都相当充足，夏天甚至需要使用遮光网来阻挡部分阳光，因此顶楼是最理想的“都市菜园”。如果无法使用顶楼，也可以利用阳台的空间，但要多注意光线、日照及水分。

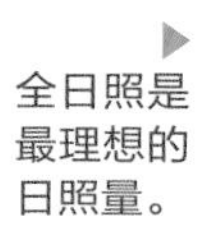

全日照是最理想的日照量。

都市种菜的三大好地点

1 阳台

▲ 在阳台种菜，要特别注意日照与水分。

2 顶楼

▲ 顶楼只要不被邻近建筑物遮住阳光，是最理想的“都市菜园”。

3 庭院

▲ 庭院的理想条件就如同顶楼，只要阳光不被邻近大楼遮蔽，也能成为理想的菜园。

朝南的位置是种菜的首选

不管选在哪里种菜，只要环境中的阳光不足，就无法种好蔬菜，这时候了解种菜的**朝向**就格外重要。

由于大部分时间太阳在我们的南方，**因此朝南的方向是最适合种菜的**。朝东南的位置，虽然只有半天的日照，但因为早晨的阳光和煦温和，对于蔬菜生长有正面的帮助，也是不错的选择。朝西的位置需要注意夏天的西晒问题，强烈的日照有可能会把蔬菜嫩叶晒伤，若是遇到阴天，那么一整天的阳光都会不足而不利于蔬菜生长。朝北位置的阳光，常常会被自己的房子挡住，因此最不利于蔬菜生长，是最差的种菜环境。

找出家中最合适的日照环境，才能开心地成功经营自己的小小农场哦！

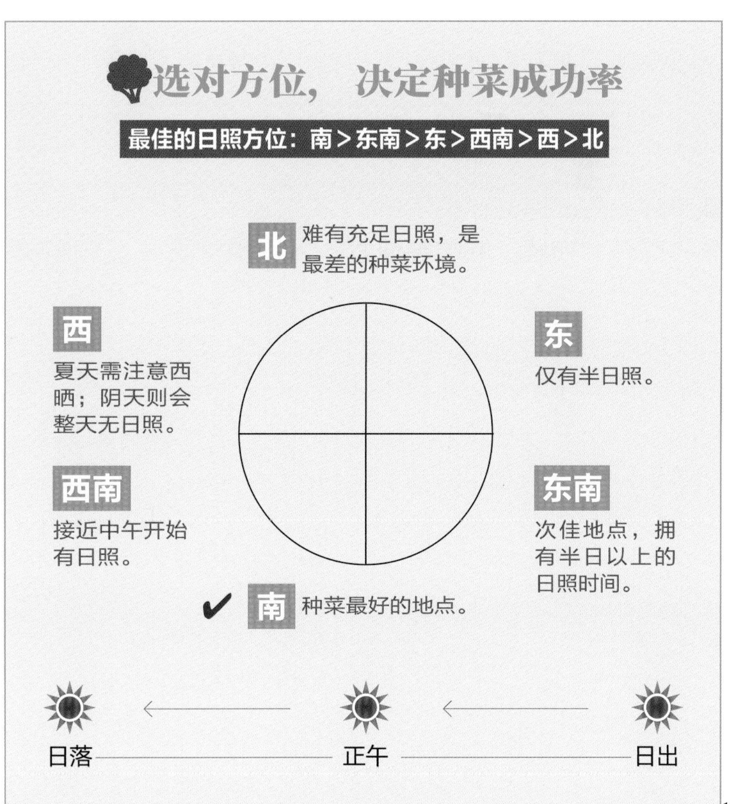

种菜要用什么土？

好的土壤是决定种菜成功的关键之一。不过，哪一种才是适合居家种菜的好土壤呢？让我们先来认识**一般土**与**培养土**的特性。

路边的土可以拿来种菜吗？

山上的土、田里的土、河边的土、乡下老家的土，我们统称这些土为**一般土**。

一般土的土质成分因地而异，并非都适合用来栽种蔬菜。如果一定要使用一般土作为居家种菜的选择，一定要慎重。河边的土容易有重金属污染，最好不要使用；如果乡下的亲朋好友已经有种植成功的土壤，而且没有使用农药或化学肥料，是最好的选择。但是一般土常常会有不明的虫、虫卵、病菌等，所以建议在使用前，先在太阳底下暴晒5～7天彻底杀菌，再来种植使用较为安全。

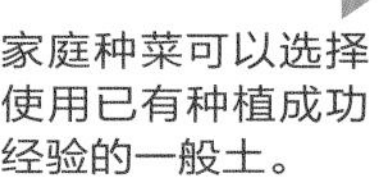
家庭种菜可以选择使用已有种植成功经验的一般土。

培养土太松软，植株站不稳，怎么办？

我们常见的**培养土**，是近年来因家庭园艺盛行而加工制成的土。培养土已经过消毒杀菌处理，干净无菌，很适合家庭园艺使用。在购买时，请选择大厂牌的培养土，质量较为稳定。

▲ 培养土干净无毒，适合家庭种菜。

但培养土也有些缺点，相同体积的培养土与一般土的重量比例大约为1：4，可见培养土的重量很轻，质地很松软，因此在种植较大型的植物时，如玉米、茄子、西红柿、青椒，常会有植株垂软站不稳的情形，所以最好要添加1/4～1/3的一般土混合使用，再加入1/10～1/8的有机肥当作基肥，如此才是适合种菜的土壤。如果是短期的叶菜类，则直接以培养土种植就可以了。

如何拌出软硬适中的土质？

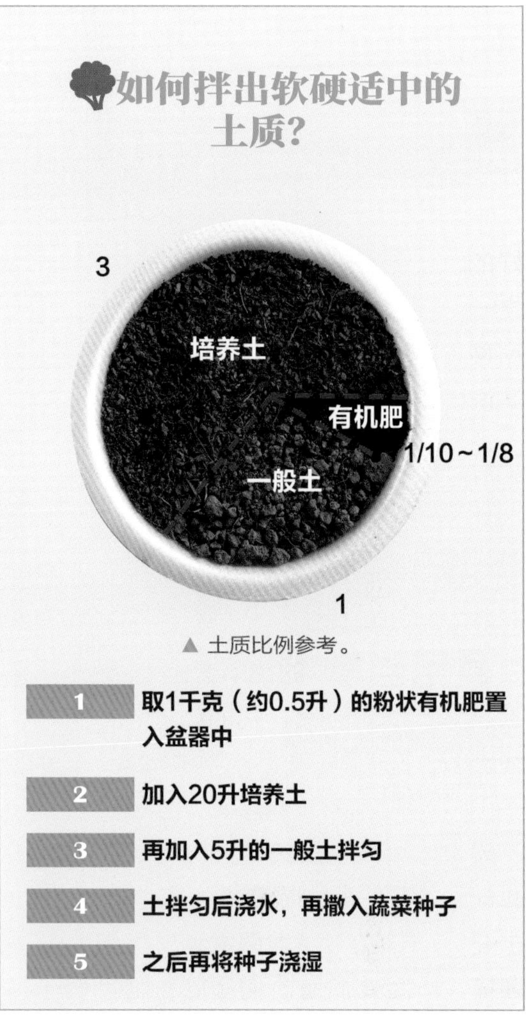

▲ 土质比例参考。

1. 取1千克（约0.5升）的粉状有机肥置入盆器中
2. 加入20升培养土
3. 再加入5升的一般土拌匀
4. 土拌匀后浇水，再撒入蔬菜种子
5. 之后再将种子浇湿

培养土与一般土的比较

	优 点	缺 点
培养土	• 干净无菌 • 质轻松软（是优点，也是缺点） • 通气性佳，排水性佳 • 容易取得，方便使用	• 土质松软，植株易倒伏 • 土壤中微量元素欠缺 • 保肥力较差
一般土	• 保水、保肥力佳 • 富含植物所需微量元素 • 土质扎实，植株不易倒伏	• 土质成分不明 • 长期使用农药化肥，土壤酸化 • 重金属污染严重 • 含病菌、虫卵、杂草种子的概率高 • 重量重 • 土壤容易硬化 • 通气性较差

新手栽种 第3课

看天种菜，才能快乐收获

古谚“身土不二”，意思是说自己家乡所种植的作物最营养健康。老祖先在这块土地生活了几百年甚至千年之久，饮食与土地已产生了良好的互动关系，什么时候种什么、吃什么，已有一套先人所留下的经验。

食用当季本地蔬果

配合气候，我们可以吃到最新鲜营养的当季蔬菜水果，而家乡的土地所孕育出的农作物，也足以提供人们日常生活所需的营养，这也与近年来被重视的“当季、本地饮食”“百里饮食”，与注入环保意识的“食物里程”所表达的意思相同。

由于交通运输的便利，我们可以很轻易地吃到离我们几百里、甚至几千几万里远的食物。其实我们身体所需的营养，是不需靠这些外来食物来提供的，本地生产出的作物就能够满足我们所需了。因此除了嘴馋、尝新之外，应更珍惜我们身边的“当季、本地饮食”文化。

蔬菜适种月份表

虽然现在农业科技发达，想要吃什么蔬果都很容易，但还是建议食用当季的蔬果，才是健康的养生之道。

我们可以参考下表或者种子包装盒上的说明来种植，毕竟品种、栽种环境、海拔对于蔬菜的生长都会有影响。

蔬　菜	栽种月份	采收时间
青椒（甜椒）	1—6月	播种后50天
小黄瓜	1—6月	播种后40～50天，之后可陆续采收30～50天
辣椒	2—6月	播种后50～60天
九层塔	2—9月	播种后35～40天，之后可连续采收3～4个月
空心菜	3—10月	播种后30～35天
落葵	3—10月	播种后30～35天
结头菜	9月—翌年3月	播种后60～70天
卷心菜	9月—翌年3月	栽种后80～100天
茼蒿	9月—翌年3月	播种后30～40天，可连续采收1～2次
菠菜	9月—翌年3月	播种后35～40天
甜菜根	9月—翌年3月	播种后60～80天
青蒜	9月—翌年3月	播种后40～50天
大白菜	9月—翌年3月	播种后70～80天
青花菜	9月—翌年3月（初秋、初春最佳）	播种后80～90天
白萝卜	9月—翌年4月	栽种后80～100天
芫荽	9月—翌年4月	播种后30～40天
青葱	10月—翌年3月分株/全年品种	播种后50～60天，可连续采收数个月
豌豆	10月—翌年3月（秋季最佳）	播种后45～50天，可连续采收至少40天
芹菜	10月—翌年4月	播种后40～45天
西红柿	全年	播种后60天，可连续采收一个月以上
小白菜	全年	播种后25～30天
芥蓝	全年	播种后30～40天
青江菜	全年	播种后25～35天
莴苣	全年	播种后30～35天
樱桃萝卜	全年（春、秋季佳）	播种后30～40天
地瓜叶	全年可扦插（春季最佳）	扦插后30～40天
红凤菜	全年扦插（10月—翌年6月最佳）	扦插后30～40天

注：以上表格以本书介绍栽种的蔬菜为主，其他蔬菜适种季节可参考p.155附录：中国传统种菜二十四节气。

蔬菜要喝多少水才够?

种菜没有公式可循，只要掌握重要原则，了解蔬菜需要什么、怕什么，给他们喜欢的东西，自然长得好。

浇水的三大原则

种菜新手最常有的疑问是：到底一天要浇多少次水？一次要浇多少水才够呢？把握以下三大原则，不再有浇水的困扰。

正午不浇水

土壤经过白天的日照后，吸收了热气，土与根都处在炎热的环境中，如果在此时浇水，在冷热交替之下容易造成植株的根系受伤，进而影响生长发育。

水量要浇透

家庭种菜使用的盆器通常都不大，保水能力有限，所以浇水时尽量要浇透（浇到有水从排水孔流出），至少一星期要浇水一次。

按季节浇水

夏天浇水两次（早、晚各一次），其他季节若白天无强烈日照，那么只需早上浇水就好，晚上若需浇水，尽可能直接浇在土里，让蔬菜叶面保持干爽，如此可以减少病虫害的发生。

都市农夫的必备工具

工欲善其事，必先利其器，好的工具，对种植绝对有大的帮助！

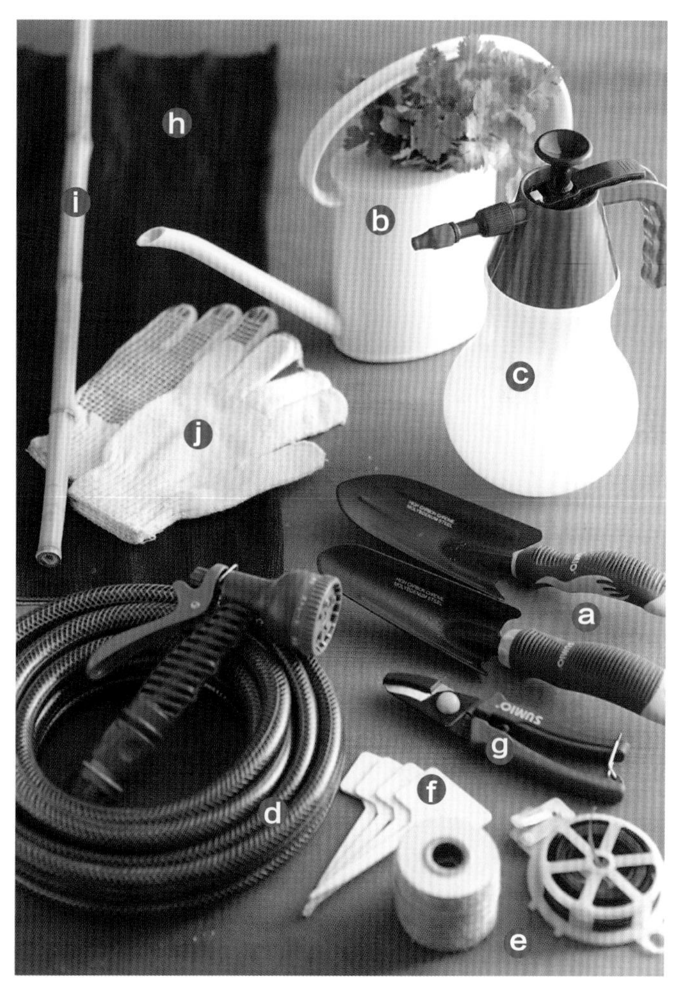

10种种菜好用工具

家庭菜园通常栽种的范围不大，因此你可以依据个人的实际需要添购或DIY一些工具来使用。

ⓐ **铲子：**用来翻土、混土、拌土、松土、移植等。

ⓑ **长嘴水壶：**可一次浇透，给予植物充足水分。

ⓒ **喷水壶：**喷雾状的喷头设计，出水力道较温和，适合蔬菜幼苗期使用。

ⓓ **水管喷水组合：**多样出水设计，适合庭院或顶楼等较大面积区域使用。

ⓔ **魔术贴、棉绳：**用于固定植株于架设的枝条或支架上，帮助植株稳定成长。

ⓕ **蔬果名牌：**可清楚地标明蔬果名称、播种时间、施肥日期等详细情况。

ⓖ **剪刀：**采收或修剪用。

ⓗ **纱网：**盛夏太阳太强烈时，可以盖上纱网减弱阳光。冬天或风大时，可以用来保暖挡风。

ⓘ **枝条或细竹：**适时地帮植株（例如，西红柿、辣椒、茄子等）竖立可攀附支撑的枝条，有助于植株的成长。

ⓙ **手套：**戴上手套不但可以保持手部清洁，同时也可取代铲子，用来翻土、混土。

如何选择种菜容器的大小？

栽种箱就像蔬菜的家，家太小会影响蔬菜发育生长，太大虽然无碍，但会浪费空间，因此选择大小适中的栽种箱就成为家庭种菜的首要之务。

蔬菜种类决定栽种箱的大小

使用多大多深的栽种箱要根据植物来决定，我们可按照栽种箱的大小（长×宽）、深度（高度、土深）来探讨。

1 短期叶菜类（30天左右）

一般而言，短期叶菜类蔬菜（如小白菜、不结球莴苣、青江菜、芥蓝等），生长期较短，25~40天即可采收，因此根系生长范围较小较浅，所以我们选择可容**土壤深度12~15厘米的栽种箱来栽种。**

▲生长期短的蔬菜，选用浅盆，反之亦然。

至于栽种箱的大小，得视栽种环境而定，通常阳台面积较小，顶楼面积较大，可根据实际环境去选择栽种箱的大小，但是直径不宜小于15厘米。

2 中长期根茎·瓜果·结球类（50天以上）

根茎、瓜果类蔬果，因生长时间较长，所以需使用较深、较大的栽种箱来栽种，农场里栽种的丝瓜、苦瓜，地下根长可达数米。家庭种菜的盆器较小，很难达到植物理想的需求，但是我们一样能种出质量良好的蔬果。

A 50～100天生长期
（如：萝卜、卷心菜、茄子、小黄瓜、西红柿等）

一般而言，栽种时间在50～100天的蔬果，我们会选择至少大小40厘米、土深30厘米的栽种箱栽种。

B 100天以上生长期
（如：丝瓜、苦瓜等攀爬类）

生长期100天以上的瓜果类，需使用至少大小60厘米、土深40厘米的栽种箱。

制作一个排水透气的栽种箱

选择栽种箱时，还需注意排水及通气等问题。家庭种菜常使用的盆器有花盆、泡沫塑料箱、收纳箱、市售栽种箱等，不论哪一种，都需考虑土壤在栽种箱里的透气与排水性是否良好。

我们可以在栽种箱底部预先打几个排水孔，以防止植株因土壤积水而烂根、缺氧。最好土壤里有蚯蚓这个好邻居帮忙翻土，可使土壤透气，蚯蚓的排泄物（蚓粪）还是一种很昂贵的有机肥。

种菜也要好“风水”

蔬菜也需要有好的“风水”环境。我们在找房子时常常会将“风水”考虑进去，相同地，如果我们在打理菜园时也能考虑“风水”的问题，种的菜一定会有加分的效果。

减少四周杂物的堆放，保持菜园通风，可以促进植物进行呼吸作用，流通的空气可以帮助蔬菜换气，蔬菜就会长得健康，更可以减少病菌的产生。

新手种菜，播种好，还是买苗好？

要开始种菜喽！可是新手种菜要先从播种开始，还是买苗来栽种呢？哪一种栽种方式的成功率比较高呢？

育苗培育法

蔬菜的成长从种子发芽到长3～4片叶子称为幼苗期。菜苗就像小婴儿一样，出生之后需要特别的照顾，以确保不被外在的环境伤害。育苗最大的好处，就是能提供种子从发芽到长成幼苗期间适当的生长环境，进而培育出健壮的菜苗；若我们直接用培育好的菜苗来栽种，那么就算是成功一半了。

除此之外，使用菜苗栽种也可以减少病虫害的发生。短期生长的叶菜类蔬菜从种子播种到成熟采收的时间是25～30天，而育苗时间是10～12天，因此用培育好的菜苗栽种，只需两个星期左右就可以采收了。这也是每次台风过后，菜价大约两个星期就能恢复正常的原因之一。

然而都市菜园通常面积小，菜苗的需求量也较小，若无法自行育苗，也可以直接购买菜苗。

自己育苗

▲先将种子浸泡在温水中3～12小时（按各种子需求），可以杀菌并加速发芽的时间。

▲先在一个穴盘或盆器中放入培养土，再用另一个空的穴盘或盆器将土压实。

▲种子泡水后沥干，再开始播种。一穴放入约1颗种子。

▲播种后，轻轻覆盖上一层薄土。

▲浇水至浇透，勿用太强的水力浇水，以免把种子给冲走了。

▲将穴盘或盆器移至阴凉处，等发芽长2片子叶后，再移到有阳光处。若是使用大型栽种箱，移动不便，可以在箱上覆盖报纸，也具有相同的效果。

◀将幼苗移植到要栽种的盆器里，栽种时的深度要求以保持子叶在土上为基准，勿植太深。

挑选菜苗小技巧

菜苗要如何挑选呢？只要符合以下3个要求，就是健康的菜苗！

1 菜苗的2片子叶完整无黄化

2 菜苗的茎干要粗壮

3 菜苗的根系白者为佳

菜苗哪里买？

菜苗一般在传统市场或种子行、花市等地，都可以买到。

直播法

顾名思义就是将种子直接放在菜园的土壤里。直播法可分成**撒播、点播、条播**3种方法。

都市菜园栽种面积通常不大，建议使用点播的方式播种，成功概率较大。种子从播种到发芽期间需要充足的水分，置于阴凉昏暗的地方，种子也较易发芽。

A 撒播

适用蔬菜》生长期较短的叶菜类蔬菜，如莴苣、油麦菜、小白菜等。

将种子均匀地撒在土上，撒播时不需要很精确地计算间距，待幼苗长到3～4片叶子时，再进行疏苗（过密的幼苗可先拔除食用）。每株至少保持8～10厘米的间距。

B 点播

适用蔬菜》种子较大或生长期长（约3个月），如西红柿、白萝卜、红萝卜等根茎、瓜果类蔬菜。

可用瓶底，在土上轻压出一个0.5～1厘米深的浅穴，每穴放入种子3～5颗，待长出3～4片叶子后，只需留下一株最强壮的幼苗继续生长即可。

C 条播

适用蔬菜》空心菜、豌豆等。

在土上划一条约3厘米宽、1厘米深的浅沟，将种子沿浅沟播种，如此种植出来的菜就会排列整齐。条播的蔬菜其实用点播及撒播也可以，目的只是让蔬菜看起来较整齐。

保持种子湿润

种子从播种到发芽期间，要随时保持种子的湿润、环境阴凉、通风等条件，避免让种子干燥、缺水，否则易降低发芽率或可能就不会发芽了。

插枝法

插枝法即是扦插栽种法，有些植物的茎有节点，在节点的部位会长出根，这类植物就适合用插枝法种植。

扦插

适用蔬菜》地瓜叶、红凤菜、空心菜、落葵。

长大成熟的植株，剪取几段带有茎节和3～5片叶子的茎（15～20厘米），稍微倾斜地插入土里约10厘米深，保持土壤湿润，7～10天植株渐渐会长根，长根之后吸收土里养分就会正常生长，这种栽培方式，很适合都市种菜。

扦插枝条小技巧

扦插是一种方便又快速的种植法，但是要如何挑选扦插的枝条及如何栽种呢？

▲ 侧芽。

▲挑选健康的植株，剪下健壮的枝条，15～20厘米的长度为宜，最好挑选有侧芽的枝条来扦插，可以加速生长。

2

▲修剪3个节点以下的叶子，方便插入土里。

▲微斜地插入土里约10厘米深。

▲扦插之后要浇水至浇透。

▲扦插7～10天后，即会长根。

新手栽种 第8课

种菜一定要施肥吗?

植物生长所需的营养元素被世界公认的共有16种，包括：碳、氢、氧、氮、磷、钾、钙、镁、硫、铁、铜、锰、锌、硼、钼、氯。其中**碳、氢、氧主要从空气及水中取得，平时保持土壤适量水分以及土壤通气性**，其他13种元素依植物生长所需量来区分。

氮、磷、钾 肥料三要素

氮、磷、钾在植物生长期间需求量很大，因此土壤常常无法充分供给，需靠肥料来补充，所以又称为肥料三要素。

1 氮，补充叶肥

氮是形成叶绿素的重要成分，可以加速蔬菜茎、叶的生长，所以对于**叶菜类的蔬菜**特别重要。然而氮有溶于水的特性，平时浇水、下雨就容易流失，因此除了基肥（底肥）之外，蔬菜生长期间适当地追肥也是必要的。

但是施用过量与不足都是有害的。氮肥过多会有叶大而软弱的情形，蔬菜生长容易倒伏，而且抗病、抗虫害的能力都会变弱；氮不足则叶子会生长不良，叶色变淡，所以必须观察蔬菜实际生长状况而定。

2 磷，补充果肥

磷是使果实肥大的重要元素，因此当我们栽种瓜果类植物时，磷肥就格外重要。磷有个很重要的特性：不溶于水，它不同于氮、钾溶于水，所以当我们种植**果菜类、根茎类的蔬菜时，可以选择含磷成分较多的有机肥作为基肥**。

磷不足，除了影响果实的生长之外，根的生长也会受影响，并且抗病、耐寒能力也会降低，影响蔬果生长。

3 钾，补充根肥

钾肥又称根肥，对**根茎类植物**来说特别重要，例如萝卜、马铃薯、地瓜等，若钾肥不足，会影响其收获。

钾肥也会影响植物根的生长，一旦不足，除了影响蔬菜生长之外，同时也会降低蔬菜本身的抗病力与御寒力；而钾肥跟氮肥一样有溶于水的特性，易因连日下雨而流失，所以除了基肥之外，适量地追肥也很重要。

4 钙、镁、硫，土壤含有的肥料

钙在土壤中的含量尚丰；而**镁**在酸性土壤中容易缺乏，可施用含镁的有机肥补充；**硫**则是最足量的。

5 铁、锰、锌、铜、硼、钼、氯，微量七要素

作物对此七要素需求甚微，但也不可缺乏，一般而言，有机质含量高的土壤中，微量元素较不缺乏。多施有机肥可渐渐改善劣质的土壤环境。

植物营养元素的缺乏症状

成分	症　状	改善方法
氮N	• 植株生长缓慢，茎叶细小，果实变小 • 由老叶开始变黄绿色，再变黄色而枯萎 • 氮过多造成果树徒长，落果严重，产量降低	• 土壤pH＞6.7，勿施用石灰，可减少氮肥的挥发 • 施用肥分低的腐熟堆肥，如树皮、落叶
磷P	• 生长初期即可发现有老叶 • 叶片变小呈暗绿色，或因花青素累积而略带紫红色，无光泽且生长缓慢	• 施用有机肥，分解产生有机酸 • 叶面喷施液态磷肥 • 接种菌、根菌及溶磷菌
钾K	• 植株生长缓慢，老叶叶缘及叶尖出现白色或黄色点，继而坏死	• 分多次追肥 • 叶面喷施液态钾肥
钙Ca	• 茎的前端或嫩叶呈现淡绿色或白色，老叶仍为绿色，严重时生长点坏死 • 嫩茎部分发生木质化 • 根的尖端生长受阻	• 酸性土壤施用农用石灰 • 注意灌溉，补充水分

镁Mg	• 由老叶的叶脉间开始黄白化，但叶脉仍维持绿色 • 易出现在果实附近的叶片 • 果树提早落叶	• 酸性土壤施用农用石灰 • 注意钾肥及钙肥的平衡
铁Fe	• 新叶叶脉间黄白化，但侧脉仍为绿色 • 新生叶片小型化，新芽生长缓慢甚至停止	• 使用完全腐熟的有机肥
锰Mn	• 由新叶开始出现症状，叶小、萎缩 • 叶脉维持绿色，叶脉间黄化略呈现透明	• 使用完全腐熟的有机肥
铜Cu	• 新叶及生长点黄化，生长受阻 • 茎叶软弱变青色，树干及果实分泌黏液	• 使用完全腐熟的有机肥
锌Zn	• 新叶有黄斑，叶小	• 使用完全腐熟的有机肥
硼B	• 新梢变形，顶芽枯死，生长点停止生长 • 果实畸形，果皮变厚，种子发芽不全	• 使用完全腐熟的有机肥
钼Mo	• 老叶叶脉黄化，叶面成斑状黄化，严重时造成落叶 • 叶面凹凸卷曲，呈杯状	• 使用完全腐熟的有机肥

五大重点，教你给对肥料

蔬菜要施多少肥，需根据蔬菜种类、土壤及蔬菜生长状况而定。掌握住五大重点，就能适时地给予蔬菜营养。

1 掌握施肥时间

有机肥属于缓效性肥料，不易造成肥伤，影响蔬菜生长，因此施肥可以把握“少量多次”的原则。播种后7～10天施一次有机肥，一般短期叶菜类（约30天可采收）于播种前一星期多施有机肥当基肥，如此于生长期就不用再追加肥料，或视蔬菜生长状况而适量追肥。

2 施肥后要覆土

取适量有机肥于叶下方（离茎部稍远）的土壤中施用，施肥后最好以土覆盖，避免太阳暴晒或引来小虫。

3 施用有机肥

有机肥分为液态有机肥（液肥）、粉状有机肥（粉肥）、粒状有机肥（粒肥）3种。以蔬菜吸收速度来看，液肥吸收最快，其次粉肥，粒肥较慢。若以含肥量来看，粒肥最高，粉肥其次，液肥最低。3种肥料各有特性，家庭种菜可择1种或选2种、3种轮流施用更好。

4 在土壤中拌入基肥

播种或移植前一星期左右，于土壤中施用有机肥并充分混合，**基肥**可提供蔬菜初期所需的养分。种植果菜类、根茎类的蔬菜时，可以选择含磷比例较高的有机肥作为基肥。

5 适时追肥

各种蔬果在不同的生长期中，常常需要补充额外的养分，来维持良好的生长状况，补充额外的养分就叫作追肥。肥分需求大的蔬菜：卷心菜、空心菜、结头菜、青花菜、青蒜。

在家堆肥，天然省钱又环保

在家堆肥既环保，又能为家庭种菜提供免费的肥料，并且能改善土壤，使土壤团粒化，增加排水性。若能学会堆肥，不但安全有趣，同时也能节省开支。

利用厨余就能自制肥料

只要是生物性（动物、植物）的材料，一般就都是可以用于堆肥的原料。但是在家堆肥建议使用植物性材料，可利用平时较易取得的材料如落叶、果皮、菜叶、杂草等来做成堆肥。

▲吃剩的果皮都是最好的堆肥原料。

无论是通气式或密闭式堆肥，平时都要保持湿润（可将土握在手心，用力捏住，感觉有水快要滴出来的样子），促使微生物繁殖；大约1个月后土表会有温热感，此乃热发酵，此时可重复堆肥步骤，持续将厨余往上堆。夏天3~4个月，冷天5~6个月就可以完全腐熟使用了。一般在家堆肥建议使用通气式，因密闭式较容易产生恶臭异味。

自己堆肥的步骤

1 通气式堆肥（又称“好氧堆肥”）

使用》通气性好的容器，如：麻布袋、市售通气式堆肥桶。
原理》使厨余等材料与空气充分接触。
成果》粉状有机肥。
菌种》“好氧菌”。
堆肥时间》比较快，3~4个月。

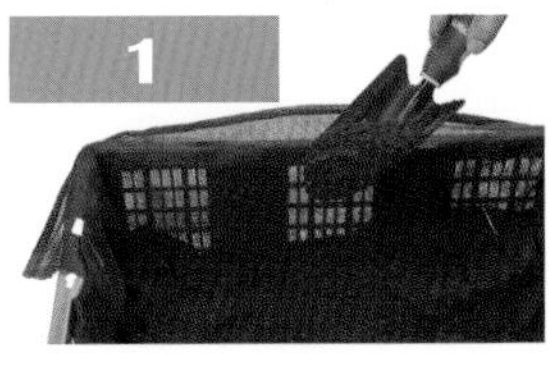

▲ 准备一个通气式堆肥箱，运用“三明治”的原理，先倒入一层薄土，约3厘米厚，铺平。

▲ 再放入收集好的厨余，铺上10~15厘米。

▲ 在厨余上均匀撒上“好氧菌”，再用土将厨余完全覆盖住，约3厘米厚。

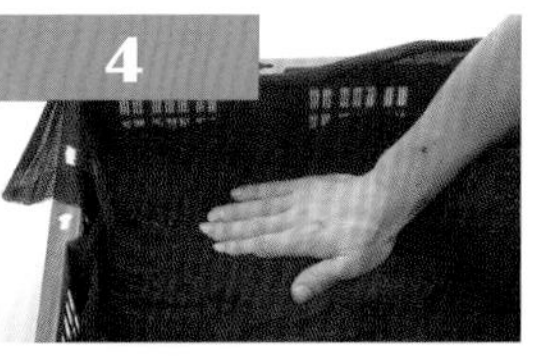

▲ 土稍微压实，然后浇水；3~4个月后即可使用。

2 密闭式堆肥（又称“厌氧堆肥”）

使用》密闭式堆肥桶。
原理》隔绝外界空气。
成果》以液肥为主，最后产生湿润的有机肥。
菌种》“厌氧菌”。
堆肥时间》较慢，4~5个月。

▲ 于密闭式堆肥桶底层先覆盖上一层土，然后铺平。

▲放进厨余，约10厘米。

▲ 在厨余表面均匀地撒上“厌氧菌”。

▲ 以土覆盖住厨余，土约3厘米厚。

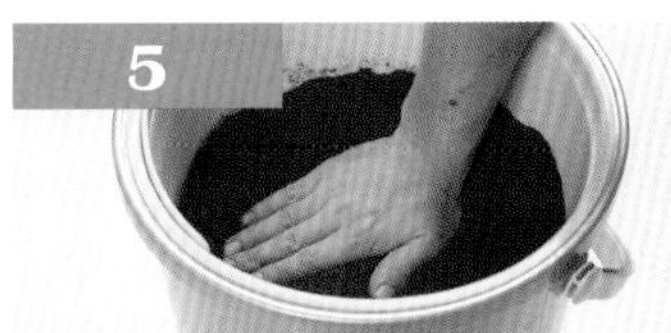

▲ 用手稍微压实后再浇水，只要保持湿润即可。

▲ 盖上盖子前最好可以先覆上一层保鲜膜或棉布，使其紧密度更佳。

如何对抗病虫害？

家庭种菜当然要栽培有机蔬菜，但有机蔬菜最棘手的问题就是病虫害，因不施洒农药，所以一旦发生病虫害，往往一发不可收拾。不过，我们还是可以通过一些简单的方法将危害降低。

▲虫会吃的菜，才是安全的蔬菜。

做好防治工作 杜绝病虫害

只要平时种植时稍加注意，就能大大减少病虫害的发生。

1 **注意环境卫生**，清除杂草、病株，减少病原繁殖的机会。

2 **利用农用石灰粉**，调整土壤酸碱度在5.5～6.5之间，以提供有益微生物生长的环境。

3 **采收后翻土、暴晒**，太阳可以杀菌，消除病虫害。

4 **栽种当季作物**，可避开病原侵害时间。

5 **保持良好的通风环境**，避免蔬菜生长过密。

6 **采用轮作**的栽培方式。虫会吃的菜，才是安全的蔬菜。

利用轮作，减少病害

植物的栽种方式有连作、轮作和间作3种，栽种方式不同，病虫害的产生情况也不同。

1 连作

连作是指在同一土壤，持续种植单一或同科属的植物。连作易引起土壤养分不平衡，诱发微生物相改变及土壤病虫害或有毒物质的积聚。目前已知**连作是许多病虫害发生的原因之一**，例如西红柿青枯病、芹菜萎凋病等。

2 轮作

轮作是指在同一土壤，有计划地轮流种植不同品种或不同科属植物的种植方法。目的是防治病虫害和防止杂草丛生，并改善土壤肥力和有机质含量。

轮作是防治病虫害的最佳方式，有浅根性与深根性轮作、根茎类与叶菜类轮作、十字花科与非十字花科轮作、葫芦科及茄科与葱、姜、蒜、韭轮作等。

3 间作

间作是于同一生长季节，将两种作物交互栽培于同一土壤的栽种方式；或在主要作物两旁栽种其他作物。可以降低病原和害虫攻击主要作物的概率，分摊病虫害的效应。

若家庭种菜，栽种箱有足够的空间，施以间作（混作）栽种，要注意植株的成长高度落差，避免植株高的蔬果（如：辣椒、青椒等）挡住阳光，造成较矮小的蔬菜无法得到充足的日照。还要**避免混种同科属的蔬菜**，如同是茄科的辣椒或青椒。

利用小资材，消除虫害

除了事先的预防，一旦遇上虫害，我们还可以利用一些园艺材料来防治。

1 捕杀

使用黄色粘虫板捕杀，较安全卫生。

▲黄色粘虫板。

2 遮蔽

瓜果类可套袋防止果蝇叮咬所产生的病害，或自制网子，做成简易网室，隔绝虫害。

▲套袋防止果蝇叮咬。

3 除草

可用黑色杂草抑制席或干稻草将表土覆盖，降低杂草的生命力，待采收后再一并将杂草除去。

4 苏云金芽孢杆菌

苏云金芽孢杆菌是一种胃毒剂，对小菜蛾、毛虫有效，属于有机栽培可使用的安全微生物，大多使用于栽种的十字花科作物上。

5 天然驱虫防病剂

自制天然驱虫防病剂，如辣椒水。也可直接从园艺商店购买，如木酢液、苦楝油、木霉菌等天然驱虫防病剂。

自制天然驱虫剂

利用薄荷、辣椒、大蒜等具特殊气味的材料，自制驱虫剂，可以有效赶走虫害；或将两种材料混合使用，例如大蒜辣椒水对于驱离毛虫有不错的效果。

▲准备适量的辣椒及大蒜。

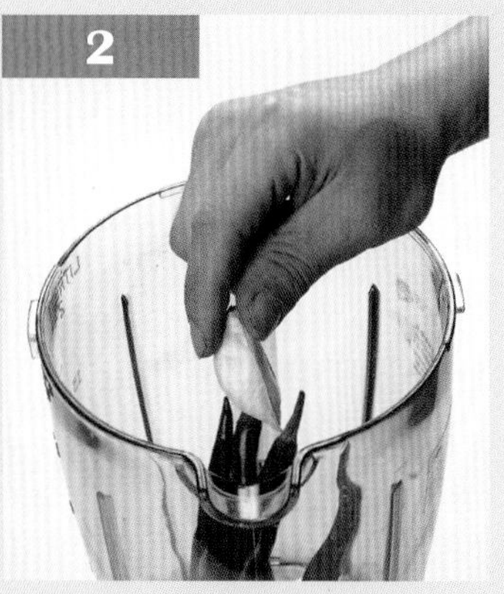

▲放入果汁机中搅拌打碎。

▲可适时加入一些水，让搅拌过程更顺利；水不要加太多，以免削弱驱虫效果。

▲用滤网过滤大蒜辣椒水残渣。

▲将大蒜辣椒水装瓶，直接喷洒于菜叶上即可。

小贴士 建议驱虫剂制作后尽快使用完，不要放置太久，以免削弱使用效果。叶上使用即可。

现在市面上销售的驱虫液，如辣椒水、木酢液、苦楝油、酿造醋等，只要再加水稀释，即可使用，非常方便，对于一些病虫的防治有一定的效果。

辣椒水 可防治蚜虫、蜘蛛、蚂蚁、嵌纹病。

大蒜水 可防治蚂蚁、蚜虫。

酿造醋 以1/4瓶醋浸泡大蒜，可防治蚜虫、蚂蚁；以1/5瓶醋浸泡辣椒，可防治蚜虫、蚂蚁、甲虫、纹白蝶。

木酢液 由干馏稻谷与阔叶树枝取得汁液，稀释100～200倍使用。可防治蚜虫、白粉病、露菌病、立枯病。

樟脑油 对害虫有效，避免浓度太高及次数过多。

苦楝油 可防治蚜虫及夜蛾。

薄荷水 可防治蚂蚁、蚜虫、蛾。

烟叶水 可防治蚜虫、蜗牛、浮尘子、蓟马、潜叶蝇、线虫。

酒精水 稀释50～400倍，可防治蚜虫、介壳虫、蓟马、白粉病等。

常见病虫害及防治方法

栽种过程	成长天数	常见病虫害	防治方法
栽种前	0～10天	黑腐病	以温水浸泡种子，进行种子消毒
		黄条叶蚤	与十字花科蔬菜轮作
			播种前可将土淹水3～5日，把虫卵淹死，或把土摊开在阳光下暴晒
		切根虫	播种前可将土淹水3～5日，把虫卵淹死，或把土摊开在阳光下暴晒
		立枯病	实施轮作，如十字花科与非十字花科轮作
			定期淹水，减少感染原
生长期	10～40天	斜纹夜蛾	性费洛蒙诱虫盒
			随时摘除卵块
		黄条叶蚤	黄色粘虫板
		小菜蛾	苏云金芽孢杆菌
			黄色粘虫板
		银叶粉虱	黄色粘虫板
		露菌病	避免氮肥施用过多，保持通风
			避免叶面潮湿

十字花科蔬菜常见的青虫。▶

根茎·瓜豆果类

栽种步骤大图解

根茎、瓜豆果类蔬菜需要中长期种植，

在辛苦孕育栽培下，更能享受甜美的果实。

你准备好了吗？

一起快乐种菜吧！

白萝卜

White radish

一年生草本

英文名》White radish

别名》菜头、莱菔

科名》十字花科

栽种难易度》★★

栽种月份表

1月	2月	3月	4月	5月	6月	7月	8月	9月	10月	11月	12月

栽种▶9月—翌年4月

疏苗▶栽种后14天

追肥▶栽种后14天

采收▶栽种后80~100天

特征

- 白萝卜俗称菜头，根是主要的食用部位，**含有大量淀粉酶，可帮助消化**。除了烹调，可以制作成菜脯等酱菜，经济价值甚高。而菜头粿更是具有代表性的传统小吃。
- 白萝卜的根深长于土中，至少要耕作30厘米的深度，避免施过多基肥，并且捡除土里的硬块或石头，如此可栽培出质量较优的白萝卜。
- 白萝卜的**叶子含有丰富的维生素A及维生素C**。
- 菜头与彩头发音相近，常被用来当作吉祥的礼物，尤其是商店开业，更可以表达“好彩头”的吉祥之意。

绿手指小百科

播种	春、秋、冬季（9月—翌年4月）。
疏苗	栽种后14天（4~5片叶子），即可疏苗。
追肥	栽种后14天（4~5片叶子），施以有机肥，以后每10~14天追肥一次。
日照	日照要充足。
水分	保持土壤湿润，排水性佳。
繁殖	点播种子。
采收	栽种后80~90天（春菜头）；90~100天（秋菜头）。
食用	根。

栽种步骤

1 取种子先浸泡

取适量的白萝卜种子预先浸泡6小时。家庭种植白萝卜需要准备深一点的容器，至少要30～40厘米深，预留白萝卜的生长空间。

2 点播种子

种子沥干后准备播种。在土壤上用手指挖出一个坑，深度约1厘米，放入2～3颗种子，坑与坑的间距约20厘米。

▲植株的间距约20厘米。

3 覆土并浇水

放入种子后轻轻覆上一层约1厘米厚的薄土，并浇水至浇透。

4 发芽

5~7天会长出子叶。

5 疏苗

14天后，每一丛选择一株健壮的幼苗留下即可，摘除的苗不建议再另外移植栽种，避免根系受损，日后发育不健全。

▲两棵植株过密，需疏苗。

▲进行疏苗。

6 追肥

因十字花科较容易有虫害，生长期要防止虫害发生。另外，白萝卜种植前基肥不要放太多，否则容易造成根茎成长时裂开，每10～14天追肥一次即可。

▲约50天可以看到小小的白萝卜头露出土面。

7 采收

播种后80～100天，就可以准备采收白萝卜了。

QA问与答

Q1 白萝卜容易有虫害吗？要如何防治？

A1 白萝卜常见虫害有：青虫、纹白蝶、黄条叶蚤等，可用含有蛋白质成分的苏云金芽孢杆菌来治虫，它是一种安全的有机农药。如果我们不食用白萝卜叶子，只要虫害不是很严重，土里的白萝卜还是可以长得很好的。

Q2 如何知道白萝卜已经可以采收了？

A2 用手轻拨一下土，用手触摸部分根茎的表面，如果光滑，表示可以采收了；若摸起来表面粗糙，有可能代表已经太老，会造成空心状况。

◀播种后80～100天，可以采收白萝卜了。

排除石头，避免萝卜畸形

若采用一般土种植白萝卜，一定要在种植前先排除土壤里较大的石头（大于一元硬币的石头），避免白萝卜根茎在生长时受到阻碍，造成畸形。

另外，在冬季寒流来袭时，要记得防风，避免影响发育生长。

樱桃萝卜

Raphanus cativus

一年生草本
英文名》Raphanus cativus
别名》红姬樱、迷你萝卜
科名》十字花科
栽种难易度》★

栽种月份表

1月	2月	3月	4月	5月	6月	7月	8月	9月	10月	11月	12月

栽种▶1—12月

疏苗▶栽种后10天

追肥▶栽种后12天

采收▶栽种后30～40天

特征

- 与白萝卜同属十字花科的樱桃萝卜，体形却差很多，白萝卜可达数千克，而樱桃萝卜却只有几克重。
- 樱桃萝卜是欧美各地最常见的萝卜，植株高约25厘米，地下有肥大的直根，大小如樱桃般，因而得名。体积小，腌渍或鲜食均可。
- 因为樱桃萝卜属于直根性植物，所以栽种时最好采用直播，不要预先育苗，避免移植时过度移动而导致地下茎不够肥大。

绿手指小百科

播种	全年皆可栽种，春秋尤佳。
疏苗	播种后10天第一次疏苗；4～5片叶子时，根据情况进行第二次疏苗。
追肥	播种后12天（4～5片叶子），施一次有机肥。
日照	日照充足。
水分	保持土壤湿润及排水性良好。
繁殖	点播种子。
采收	播种后30～40天即可采收。
食用	根。

栽种步骤

1 种子先浸泡

樱桃萝卜的种子要先泡水，4～5个小时后再沥干水分，准备播种。

2 点播种子

以点播方式播种樱桃萝卜的种子。先在土壤上挖出一小坑，每一坑内放置3颗左右的种子，种子的间距约1厘米。

▲植株的间距约一个成人拳头的宽度。

3 覆土并浇水

播种后，再轻轻覆上一层薄土，并浇水至浇透。

4 发芽后适时疏苗

大约3天后，就冒出小绿芽了。播种后10天进行疏苗，只要保留一株茎粗健壮的幼苗，让它继续成长即可。

5 生长期可追肥

12天后就可以在茎的周围施有机肥，20天后再追肥一次即可。

6 成长

樱桃萝卜生长速度快，大约20天，就会露出红红的萝卜头。

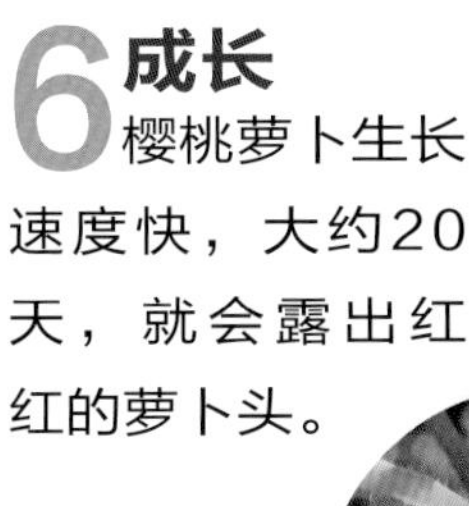

7 采收

播种后30～40天，就可以采收可爱的樱桃萝卜了。

QA问与答

Q1 为什么我种的樱桃萝卜只长叶子？

A1 虽然樱桃萝卜四季都可栽种，但是夏季长期高温易使樱桃萝卜只长叶，而地下根茎却不长大，此时可延长栽种时间至40天左右。

Q2 为什么我种的樱桃萝卜根茎部位，表皮会先裂开，然后里面的组织才开始膨胀，这算正常吗？

A2 最好保持稳定的湿度，尤其是膨大期若忽湿忽干的，根茎部位就会很容易裂开。

甜菜根

Beet root

一、二年生草本

英文名》Beet root

别名》红菜头、火焰菜、根甜菜

科名》藜科

栽种难易度》★

栽种月份表

1月	2月	3月	4月	5月	6月	7月	8月	9月	10月	11月	12月

栽种▶9月—翌年3月

疏苗▶栽种后12～15天

追肥▶栽种后15天

采收▶栽种后60～80天

特征

- 近几年因养生图书的推荐，使原本只有零星栽培的甜菜根，突然变成炙手可热的生机饮食（“生食”与“有机”的饮食方式）材料，由于**抗病力强**，因此**也是家庭菜园的重要成员之一**。
- 甜菜根性喜冷凉，高温下块根不易肥大，生长会变得缓慢，最合适的温度为15～22℃。
- 在欧美地区是制成糖及有机染料的主要原料之一，在有机食品、有机化妆品、人体造血等方面都有很大的用处。由于被广泛运用在红色染料上，因此喝完甜菜汁，尿液也会变红，可别大惊小怪！

绿手指小百科

播种	秋、冬、春季（9月—翌年3月）。
疏苗	叶长至4片时可疏苗，播种后12～15天。
追肥	疏苗后即可施肥，之后约35天结球时再追一次有机肥。
日照	全日照。喜好冷凉，超过32℃以上成长较不良。
水分	水分需求大，待介质干了再浇水。
繁殖	点播种子。
采收	播种后60～80天即可采收。
食用	根茎、叶。

栽种步骤

1 取种子

取适量甜菜根种子。

2 点播种子

以点播方式播种，于每坑中放入3颗种子，坑与坑的间距需25厘米以上。也可以于穴盘中育苗后再移植。

3 覆土并浇水

播种后再轻覆上一层土，因甜菜根的种子略有嫌光性，所以覆土约1厘米的厚度。

4 疏苗

播种后3～7天，种子就开始萌芽。生长12～15天，可在一丛中保留一棵最健壮的幼苗。

◀播种后3～7天的发芽样貌。

5 追肥

疏苗后即可施肥，之后约35天结球时再追一次有机肥。

▲植株生长过密，需进行疏苗。

6 成长

15～35天陆续长出新叶，待35～60天（8～10片叶子）时，基部开始长大膨胀。

▲生长期间，杂草要拔除。

7 采收

60～80天，大约长至一个成人拳头大小，就可以陆续采收了。如果吃不了太多，可以先留在土里，让其继续生长约一个月也没关系，不会造成老化。采收期间要注意水分不能太多，以免造成裂根。

QA问与答

Q1 甜菜根如何食用？

A1 甜菜根是最近生机饮食非常好的食材，根据研究，它含有抗癌的成分，可以连皮洗净打成果汁喝，也可以用于沙拉中或凉拌、煮汤、腌渍。嫩叶也可以取来用麻油清炒或煮汤食用。

Q2 甜菜根在照顾上要注意什么呢？

A2 甜菜根其实少有虫害，但要留意蜗牛、蛞蝓等软体动物或者鸟害，可以架高防治。在生长期间也不要给予太多水分，以免造成烂根，若叶缘呈现黑褐色水浸状，就表示水浇太多，这时候就要停止浇水。

结头菜

Kohlrabi

一年生草本

英文名》Kohlrabi

别名》苤蓝、球茎甘蓝

科名》十字花科

栽种难易度》★★

栽种月份表

1月	2月	3月	4月	5月	6月	7月	8月	9月	10月	11月	12月

栽种▶9月—翌年3月

疏苗▶栽种后10～14天

追肥▶栽种后20天

采收▶栽种后60～70天

特征

- 结头菜因其肥大的茎而得名。
- **结头菜性喜冷凉，春、秋两季最适合播种。**夏天高温时，肉质易产生纤维化现象，平时采收时要观察有无裂球的现象，一旦延迟，就易产生裂球而影响质量。
- 生长期间要注意追肥周期，最好固定每7～10天追肥一次，以免生长期产生肥分吸收不均的现象。

绿手指小百科

播种	春、秋、冬季（9月—翌年3月）。
疏苗	播种后10～14天（4～6片叶子）。
追肥	播种后20天，因肥分需求大，不能断肥，最好每7～10天追肥，3～4次，或以少量多次的方式施肥；采收前一周不施肥。
日照	日照充足。
水分	保持土壤湿润。
繁殖	点播种子或育苗，育苗可节省播种时间。
采收	60～70天即可采收。
食用	结球。

栽种步骤

1 选择播种或育苗

结头菜可以使用点播种子或育苗栽种两种方式。一般市售结头菜种子有两种颜色，一种是带有杀菌剂的绿色，一种是不含化学药剂的原色。建议尽量选购原色无杀菌剂的种子。

2 栽种方式

▲播种后覆土浇水。

A 点播种子

若直接以点播种子方式种植，先用瓶底在土上压出凹坑，一处凹坑置入2～3颗结头菜的种子，种子间距约1厘米；坑与坑的间距为20～30厘米。播种后要覆上一层薄土，再浇水。

▲苗与苗的间距为20～30厘米。

B 育苗

在每一穴盘中置入1颗种子后覆土浇水，放置阴凉处。待发芽后长至6～7叶时，再移入栽培器里继续种植；苗与苗的间距为20～30厘米。

3 疏苗

10～14天，生长4～6片叶时可进行疏苗，每一丛留下一株健壮的幼苗即可。

▶种子4～5天后就会发芽长叶。

▲疏苗前。

▲疏苗后。

4 追肥

移植育苗后，施以有机粒肥，之后每7～10天再追肥，3～4次；采收前一周不施肥。

▲结头菜生长15天。

▲结头菜生长25天。

▲结头菜生长50天。

▶结头菜生长55天。若家庭阳台阳光较不足，则成株结球较小。

QA问与答

Q1 我的结头菜好像生病了？还能采收食用吗？

A1 十字花科的虫害多，尽可能保持结球干燥，浇水时要浇在土壤上，勿直接浇在结球上，可减少病虫害的产生。若病虫害不严重，还是可以采收食用的。

▲生病的结头菜，产生一些斑点。

Q2 要怎么知道结头菜已经可以采收了呢？

A2 一般若结球表面有裂开的情况，表示结球已经开始老化，而且结球裂开容易有病虫害，所以最好在尚未裂开之前就采收下来。但如何从结球的大小判断是否能采收，需视其品种而定。

小黄瓜
Cucumber

一年生蔓性草本

英文名》Cucumber

别名》刺瓜、黄瓜、花瓜

科名》葫芦科

栽种难易度》★★

栽种月份表

1月	2月	3月	4月	5月	6月	7月	8月	9月	10月	11月	12月

栽种▶1—6月

疏苗▶栽种后18天

追肥▶栽种后20天

采收▶栽种后40~50天

特征

- 小黄瓜果实表面有凸起的小刺，因此又叫刺瓜。小黄瓜的果实生长快速，通常会在一天之内就有明显的变化，因此必须注意采收的时间不可太晚。
- 小黄瓜所含纤维素，能促进肠道对腐败食物和有害物质的排泄，**抑制脂肪和胆固醇的吸收**，因此**有降低血液中脂质和胆固醇的作用**。
- 小黄瓜含有大量维生素C，具有美白功效，丰富的维生素E则**能防止肌肤老化**，常吃可以净化血液，养颜美容。

绿手指小百科

播种	适于1—6月栽种。
疏苗	播种后18天可疏苗。
追肥	播种后20天施有机肥，之后每10天追肥一次。
日照	日照须充足。
水分	必须保持土壤湿润以及排水良好。
繁殖	点播种子。
采收	播种后40~50天可采收，可陆续采收30~50天。
食用	果实。

栽种步骤

1 浸泡种子

小黄瓜的种子需要先泡水8～12小时，有利于缩短种子发芽所需的时间。

2 点播种子

利用瓶底，在土壤上轻压出约1厘米深的凹坑，再放入2～3颗种子，种子间距约1厘米。

3 覆土并浇水

轻覆上约1厘米厚的土并浇水，从播种到发芽期间，要随时保持土壤湿润，避免过度干燥或排水不良。土壤过度干燥会影响生长。

4 疏苗

播种后5～7天，种子就开始萌芽了。第18天长至5～6片叶时，可以进行间拔疏苗，留下一棵节点间距较短的苗即可。

▲发芽后要移到太阳光下照射，否则易产生徒长现象。

5 追肥立支架

等藤蔓生长约15厘米，就需要用支架支撑，并使用绳子系住，以供藤蔓攀爬。第20天开始施有机肥，轻撒在茎部四周后再以土覆盖，之后每10天再追肥一次。

立支架让藤蔓攀爬。▶

6 开花

大约35天后，慢慢开出花朵。此时若无蜜蜂帮忙，可利用软刷毛或小毛笔，将雄蕊花粉涂到雌花蕊上，进行人工授粉。

7 采收

授粉成功后7～10天，就可以采收小黄瓜了。

QA问与答

Q1 为什么小黄瓜的根常常跑出土外？需要处理吗？

A1 小黄瓜属于浅根性植物，种植的土壤不用太深，但是面积要广，至少要30厘米×30厘米的种植面积。若根系露出土面，最好适时地补土覆盖，以免日晒或施肥时造成根系伤害。

Q2 市面上贩卖的小黄瓜有直挺的，有弯曲的，在挑选上有什么差别吗？

A2 一般小黄瓜最好挑选直挺一点的，小黄瓜之所以会弯曲，是因为肥分不足或不均。

Q3 小黄瓜明明是绿色的，为什么叫小“黄”瓜？

A3 因为小黄瓜的果色在成熟后会转变成黄色，所以称为小黄瓜。

你一定要知道的

种菜小常识

小黄瓜容易产生白粉病及炭疽病，防治的方式除了保持植株间的通风外，在浇水时也要特别注意不要直接浇在叶上。可自行喷洒木酢液，若病情严重，则要请农业专业人员进行喷药处理。

青椒（甜椒）

Sweet pepper

一年生或多年生草本

英文名》Sweet pepper

别名》番椒

科名》茄科

栽种难易度》★★★

栽种月份表

1月	2月	3月	4月	5月	6月	7月	8月	9月	10月	11月	12月
栽种▶1—6月											
疏苗▶栽种后20天											
追肥▶栽种后14天											
	采收▶栽种后50天										

特征

- 青椒植株高40～60厘米，与辣椒统称为番椒。味甜而不辣，生吃、炒食均可。
- 青椒的**收获期很长，可达5～6个月之久**，若家庭栽种3～4株青椒，便可经常吃到健康又营养的青椒。
- 青椒富含维生素A、维生素K，且含铁质丰富，有助于造血。其所含的B族维生素较西红柿多，而所含的维生素C又比柠檬多。维生素A、维生素C都可增强身体抵抗力、防止中暑、促进复原，所以夏天可多食用青椒，**促进脂肪的新陈代谢**，避免胆固醇附着于血管，能预防动脉硬化、高血压、糖尿病等。
- 青椒含有**促进毛发、指甲生长的硅元素**，常吃能强化指甲及滋养发根，且对人体的泪腺和汗腺产生净化作用。

绿手指小百科

播种	春季最佳，可于1—6月栽种。
疏苗	播种后第20天（4～5片叶子）可进行疏苗。
追肥	播种后第14天追一次有机肥。
日照	日照要充足。
水分	介质干再浇水。
繁殖	点播种子。
采收	播种后50天即可采收。
食用	果实。

栽种步骤

1 种子先泡水

取适量的种子，于种植前泡水8～12小时。

2 点播种子

以点播的方式播种，每一点放入3颗青椒种子，种子间距约1厘米，每点的间距约30厘米。

3 覆土并浇水

放入种子后轻轻覆上一层约1厘米厚的薄土，并浇水至浇透，至发芽前要保持土壤的湿润度。

4 追肥

4～5天后，就开始冒出小绿芽。第14天追肥，将有机肥轻施在植株的四周，避免碰到根茎，以免造成肥伤，施肥后以薄土覆盖更佳。

5 疏苗

第20天疏苗，淘汰子叶发黄的幼苗，选择留下一株茎粗健壮的幼苗即可。

6 成长开花

青椒播种后35～45天会开出第一朵花。

7 准备采收

开花两周后开始结果，即可采收。

QA问与答

Q1 为什么我种植的青椒不结果？

A1 通常会开花结果的蔬果，都需要充足的日照量。此外，夏季异常高温也会影响结果率。

Q2 为什么我种植的青椒，还不到成熟期果实就掉下来了？

A2 这种情况称为**落果**。除了病害之外，其他原因有可能是肥分不足或太过，或者是长期处于高温的生长环境，都很容易产生落果的现象。

你一定要知道的 种菜小常识

茄科蔬菜不能连作

茄科的作物绝对不可以与其他茄科植物连作或轮作，如青椒、茄子、西红柿、秋葵等作物。须隔3～5年，否则易产生病害，也会降低产量及质量。

豌豆

Garden pea

一、二年生蔓性草本

英文名》Garden pea

别名》荷兰豆 、荷莲豆

科名》豆科

栽种难易度》★★★

栽种月份表

1月	2月	3月	4月	5月	6月	7月	8月	9月	10月	11月	12月

栽种▶10月—翌年3月

追肥▶栽种后20天

采收▶栽种后45～50天

特征

- 豌豆亦称荷兰豆，因由荷兰传入而得名。
- 豌豆植株分为高性、矮性，茎有卷须，花色有白色、粉红色、紫色，当花盛开时看起来非常娇嫩柔和。
- 豌豆的茎、叶经常被当作休耕后的绿肥，其地下根部有根瘤菌，能有效固定空气中的氮素，然后翻土，有促进土壤肥沃的功能。

绿手指小百科

播种	秋、冬、春季（10月—翌年3月）播种，以秋季最佳。
疏苗	无。
追肥	肥分需求大，20天后追肥，之后每10天再追肥一次，尽量多次少量。
日照	全日照，日照要充足。
水分	排水良好，介质干再浇水。
繁殖	点播。
采收	45～50天即可采收，可连续采收至少40天（视植物生长状态）。
食用	果实。

栽种步骤

1 浸泡种子

取适量的豌豆种子。播种前一天要事先泡水8～12小时。

2 点播种子

播种前要先将泡水的种子沥干。以点播的方式播种，每一点放入1颗豌豆种子。种子的间距约为20厘米。

3 覆土并浇水

放入种子后轻轻覆上一层薄土，并浇水至浇透。

4 发芽

3～5天，就会发芽。

▼豌豆生长第7天。

▲生长过密需疏苗。

5 疏苗

若植株生长过密，仍需疏苗，最适当间距至少要20厘米。

6 追肥

豌豆肥分需求大，20天后要追肥，之后每10天再追肥一次，尽量多次少量。约20天后，豌豆苗生长到15～20厘米的高度时，就要开始立支架，以防植株倾倒。

▲约35天后，开始开花了。

7 采收

开花过后约20天就可以采收了。

QA问与答

Q1 为什么老一辈会流传“豌豆怕鬼”这句话呢？是什么意思？

A1 是有此一说。根据种植经验，单独种植一株豌豆并不会长得很好，必须把豌豆用条播的方式种植，或者在种植时让植株的间距密一点，长得才会好，也因此才有“豌豆怕鬼”一说。

Q2 豌豆的种子可以拿来种豌豆苗吗？如何种呢？

A2 可以的。先将豌豆的种子洗净，泡水一个晚上的时间，将浮在水面上的种子挑掉，水倒掉后平铺在有孔的盘上，下层再放置水盘，盖上干净的湿布或盖子，放置阴凉处，保持种子潮湿，使其自然发芽；待幼苗长至8厘米左右可以移至光亮处（但不能让阳光直射）；可继续水耕或移植至栽种容器土耕，10～12天就可以采收了，一般来说土耕的口感较佳。

西红柿

Tomato

一、二年生蔓性草本

英文名》Tomato, Love apple

别名》番茄、甘仔蜜、洋柿子

科名》茄科

栽种难易度》★★★★

栽种月份表

1月	2月	3月	4月	5月	6月	7月	8月	9月	10月	11月	12月

栽种▶1—12月

疏苗▶栽种后14天

追肥▶栽种后20天

采收▶栽种后60天

特征

- 西红柿是蔬菜，同时也是水果。
- 西红柿品种繁多，**口味酸甜，富含番茄红素**。烹调方式多样，生食、煮食、加工品等在生活中常常见到。
- 西红柿喜欢温暖干燥、日夜温差大的气候，有助于花芽的分化而增加产量。**日照需充足（日照约12小时）**，日照不足，不利于开花结果，也容易造成落花枯萎的现象。

绿手指小百科

播种	以春、秋季播种为佳。因西红柿品种多，所以每季皆有适合播种的品种。
疏苗	若以播种栽植，14天后疏苗，保留一棵健壮的幼苗。
追肥	20天后，每7～10天再追肥一次。
日照	全日照，日照充足并通风良好。
水分	保持土壤湿润及排水性良好。
繁殖	点播种子或育苗。建议用育苗方式，可节省播种时间。
采收	60天即可采收，可连续采收一个月以上。
食用	果实。

栽种步骤

1 选择播种或育苗

建议新手可以育苗后再移入栽培器中种植，或直接买西红柿苗来栽种。播种前种子先泡水6～8小时，有助于缩短发芽时间。

2 栽种方式

▼4～5天就会开始发芽。

A 点播播种

以瓶盖于土上压出凹坑，一处凹坑置入约2颗种子，种子的间距约20厘米。播种后要覆土并浇水至浇透。

B 穴盘育苗

先在穴盘中置入1颗种子，后覆土浇水，放置阴凉处。待长到6～7叶时，再移入栽培器里继续种植（定植）。

3 追肥

西红柿苗长至约15厘米高时，最好立支架扶植，并用魔术贴或麻绳绑于支架上，避免风吹。20天后可以开始施肥，之后每7～10天再追肥一次。

4 成长

生长期间可铺上干稻草，能有效抑制杂草生长，并且保持土壤湿润。

5 开花后结果

西红柿苗生长约40天后，会开出第一朵花，开完花后就会陆续结果。

6 采收

60天即可采收，在采收时最好以剪刀剪取，才能避免植物伤口感染；也尽量选择在干燥的天气采收，避免潮湿，否则易感染病菌。

QA问与答

Q1 西红柿的叶子为什么会卷卷皱皱的呢？

A1 西红柿的叶子卷皱表示已有虫害，西红柿容易有粉介壳虫，可以用手抓除丢弃，并将病叶直接剪除，千万不要用手摘叶，这样会造成植物的茎部出现伤口。

Q2 什么是西红柿嫁接苗呢？

A2 嫁接苗是指利用其他植物的特性，来补足西红柿某些特性的不足，一般常见的是利用茄子的根茎部（约8厘米）来嫁接西红柿苗；利用此嫁接苗来种植西红柿，可以减少西红柿的病害，而且西红柿会比较不怕湿、不怕干，生长得比较健壮，生长期较长，产量可以提高。

▲西红柿与茄子嫁接处。

◀西红柿嫁接苗。

3

结球·花菜·香辛类

栽种步骤大图解

台风过境，菜价上涨让你苦恼吗？

结球、花菜的残留农药，让你担心洗不干净吗？

不怕不怕，厨房里缺什么马上现摘，

新鲜、自然、省钱，立即上桌！

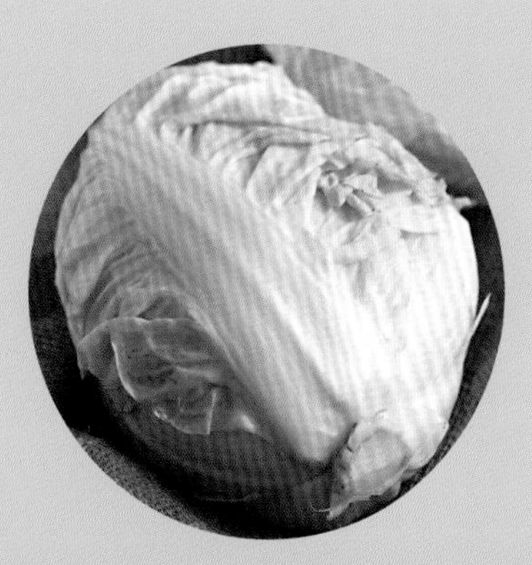

大白菜

Chinese cabbage

一年生草本

英文名》Chinese cabbage，Celery cabbage

别名》包心白菜、结球白菜

科名》十字花科

栽种难易度》★★

栽种月份表

1月	2月	3月	4月	5月	6月	7月	8月	9月	10月	11月	12月

栽种▶9月—翌年3月

疏苗▶栽种后7天

追肥▶栽种后14天

采收▶栽种后70～80天

特征

- 白菜品种极多，一般分为小白菜与大白菜，小白菜指的是不结球白菜，而结球的白菜就称为大白菜。大白菜除了是火锅里的佐菜之外，也是腌渍泡菜的主要材料。
- 大白菜性喜冷凉，特别是在15～22℃之间最适宜栽培，结球的质量最好，因此无论是高温的夏天或寒冷的冬天，都会影响生长，**若冬天遇寒流，应稍作防寒措施，以利于大白菜的生长。**
- 大白菜易感染滤过性病毒，进而引发软腐病（植株根部变软而发出臭味），所以**栽种过程需特别注意蟑螂的危害，因为蟑螂是滤过性病毒传染的重要媒介。**

绿手指小百科

播种	9月—翌年3月，初秋、初春季最佳。
疏苗	播种后7天可疏苗。
追肥	播种后14天追肥，之后每7～10天再追肥一次。尽量少量多次，再追肥4～5次即可，但采收前一周不施肥。
日照	全日照，日照要充足且通风良好。
水分	介质干再浇水，保持排水良好。
繁殖	点播种子或育苗。建议用育苗，可节省播种时间。
采收	播种后70～80天即可采收。
食用	茎叶。

栽种步骤 ▸▸▸

1 选择播种或育苗

大白菜可以采用点播种子或育苗。建议新手先育苗，后移入栽培器中种植，或直接买菜苗栽种，成功率较高。

2 栽种方式

▲播种后覆土并浇水至浇透。

A 点播种子

每坑2颗种子，播种后覆土浇水。2～5天就会发芽，播种后第7天就可以疏苗，每一丛保留一株健壮的幼苗即可。

▲2～5天就会发芽。

B 育苗

先在穴盘的每穴中置入1颗种子，后覆土浇水，放置阴凉处。待2～5天发芽后长到6～7叶时，再移入栽培器里继续种植。

3 栽种菜苗

轻取穴盘中的育苗，移植到要种植的盆器中。子叶要维持在土面上，栽种后将土轻轻压实，并浇水至浇透。

▲大白菜第14天。

4 追肥

播种后14天追肥，之后每7～10天再追肥一次，尽量少量多次，再追肥4～5次即可，但采收前一周不施肥。

▲生长25天。

▲生长40天。

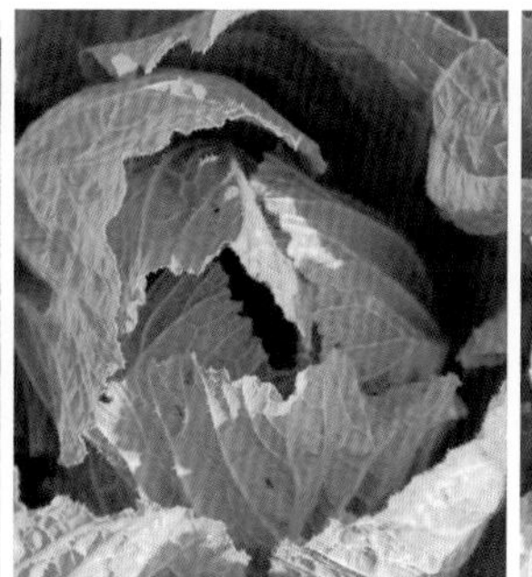
▲生长60天。

▲生长70天。

5 采收

十字花科要特别注意虫害产生，特别是在大白菜开始要结球的时候，若此时有青虫跑进去被包覆住，就可能会被青虫啃食而无法包心结球。播种后70～80天即可采收。

QA问与答

Q1 种植的大白菜，开始从里面的菜叶腐烂，但外叶都还很漂亮，这样还有救吗？

A1 属十字花科的大白菜，性喜冷凉气候又容易有虫害，若处在高温又通风不良的生长环境中，就很容易腐烂。若情况不严重且尚未结球，可以先把腐烂的部分清除，再按正常照顾就可以长出侧芽。若情况严重，只好丢弃重新栽种。

Q2 若大白菜还没开始包心，外围的菜叶可以先取来食用吗？这样会影响包心吗？

A2 若白菜尚未包心，就摘取外叶食用，会造成光合作用不足而影响结球的大小，且容易提早开花，建议不要摘取外叶先食用。

青花菜

Sprouting brocoli

一年生草本

英文名》Sprouting brocoli

别名》绿花椰菜

科名》十字花科

栽种难易度》★★

栽种月份表

1月	2月	3月	4月	5月	6月	7月	8月	9月	10月	11月	12月

栽种▶9月—翌年3月

疏苗▶栽种后10天

追肥▶栽种后14天

采收▶栽种后80～90天

特征

- 青花菜，我们食用其花蕾，故称为花菜。
- 青花菜，人称“蔬菜之王”，不论是营养学家、保健专家、医生或学术研究者，都一致推荐它为超级明星级蔬菜，因其抗癌功效一再被证明，所以得到“蔬菜之王”的美誉。
- 与其他十字花科蔬菜（小白菜、卷心菜、芥蓝、结头菜）一样都**含有异硫氰酸盐与大量的萝卜硫素，具有抗癌与抗氧化功效**。
- 近年研究显示其菜芽亦具有良好的抗癌功效，由于栽培时间短（10天左右），因此也适合家庭种植。

绿手指小百科

播种	9月—翌年3月，以初秋、初春最佳。
疏苗	播种后10天可疏苗。
追肥	播种后14天追肥，之后每10天再追肥一次，尽量少量多次，再追肥4～5次即可，但采收前一周不施肥。
日照	全日照。
水分	介质干再浇水，保持排水良好。
繁殖	点播种子或育苗。建议用育苗，可节省播种时间。
采收	播种后80～90天即可采收。
食用	花蕾。

栽种步骤

1 选择播种或育苗

青花菜可以采用点播种子或育苗。建议新手可以先育苗，后移入栽培器中种植或直接买菜苗栽种。

2 先拌入有机肥

因肥分需求高，所以在种植前要先在土壤中拌入含磷比例较高的有机肥；2～3天后再开始播种。

3 栽种方式

▲2～3天就会发芽。

A 点播种子

每坑2～3颗种子，种子间距约1厘米，坑与坑的间距约30厘米；播种后覆土浇水。2～3天就会发芽，10天就可以疏苗，每一丛保留一株健壮的幼苗即可。

▲植株间距约30厘米。

B 育苗

在穴盘的每穴中放置1颗种子后再覆土浇水，待长至约5片叶，再移植到要栽种的盆器中。

4 栽种菜苗

将矮壮、茎粗的幼苗移植到要栽种的盆器中，植株与植株的间距约30厘米为佳。幼苗植入盆器中后，轻轻压实土壤并浇水至浇透。

▼ 青花菜第20天。

5 追肥

栽种后14天追肥，之后每10天再追肥一次；尽量少量多次，再追肥4～5次即可，但采收前一周不施肥。

6 准备采收

80～90天即可采收。如果花蕾颜色变黄，表示已经过了采收期，要开始老化。

▲ 青花菜第90天，开花样貌。

✕

▲ 日照不足，花蕾不易结，生长45天左右。

QA问与答

Q1 听说青花菜种在花盆里不会结花蕾？是真的吗？

A1 青花菜是可以种在花盆里的，但花盆要大一点，至少要使用30厘米的盆，而且一盆只能种一棵，日照要充足，才会结花蕾。

Q2 青花菜在家种植困难度高吗？照顾上要特别注意什么？

A2 一般除了基本的水、土、日照养护外，要特别注意虫害的问题，因属十字花科，非常容易遭受虫害，所以要做好防虫的措施。

卷心菜

Common cabbage

一年生草本

英文名》Common cabbage

别名》甘蓝、结球甘蓝

科名》十字花科

栽种难易度》★★

栽种月份表

1月	2月	3月	4月	5月	6月	7月	8月	9月	10月	11月	12月

栽种▶9月—翌年3月

疏苗▶栽种后10~14天

追肥▶栽种后14天

采收▶栽种后80~100天

特征 ▸▸▸

- 卷心菜是春、秋、冬三季重要的蔬菜之一，因卷心菜性喜冷凉，在高温的夏天，除了高山地区之外，平地栽培容易产生生长不良现象。幼苗期至外叶生长期间，对较高温度（25~30℃）有较强的适应能力，当生长到结球期时，便要求温暖偏凉的气候（15~22℃），高温会产生结球不良，甚至无法结球的现象。
- 卷心菜对水分的需求量大，尤其**结球期间**，更**需要较多的水分**，因此需注意排水问题，避免因积水而造成根部浸水腐烂。

绿手指小百科

播种	秋季到翌年春季（9月—翌年3月）。
疏苗	10~14天（4~6片叶子）。
追肥	疏苗后即可施肥，幼苗成长至结球前追肥2~3次。
日照	全日照，至少要吸收200小时的日照。
水分	保持土壤湿润及排水良好。
繁殖	点播种子或育苗。建议用育苗，可节省播种时间。
采收	栽种后80~100天即可采收。
食用	结球。

栽种步骤 ▸▸▸

1 选择播种或育苗

卷心菜可以使用点播种子或育苗两种方式。一般建议先育苗，后移入栽培器中种植，这样根系会较发达，栽种成功率高。

3 栽种方式

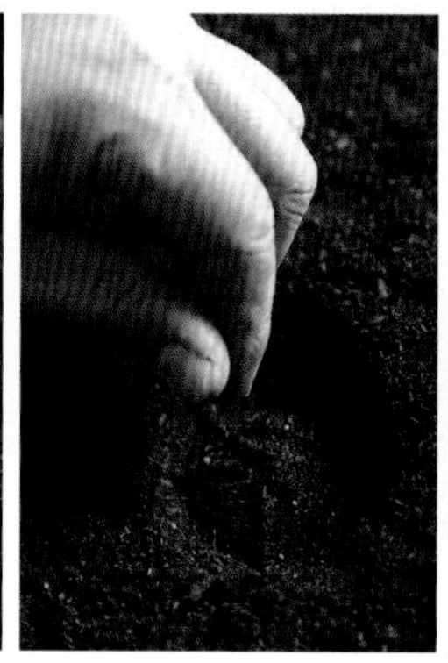

A 点播种子

先用瓶底在土上压出凹坑，一处凹坑置入约3颗卷心菜的种子，种子间距约1厘米；坑与坑的间距约30厘米。播种后要覆土浇水，10～14天，生长4～6片叶时可进行疏苗，每一丛只要留下一株健壮的幼苗即可。

B 育苗

先在穴盘中置入约3颗种子，后覆土浇水，放置阴凉处。待4～5天发芽后长到6～7片叶时，再挑选健康的苗移入栽培器里继续种植。

▲4~5天发芽。

2 拌入含磷比例高的有机肥

因卷心菜肥分需求高，所以在种植前要先在土壤中拌入含磷比例较高的有机肥；待2～3天再开始播种。

4 生长期间要追肥

卷心菜肥分需求高，疏苗后即可追肥，之后10天再追一次肥，或5天追一次肥，但量要减半；幼苗成长至结球前追肥2～3次（结球后以氮钾肥为主），以促进球体坚实硕大。

5 成长后采收

卷心菜生长至40天后，开始慢慢包心准备结球。生长80～100天，就可以从根部切除采收结球。

▲卷心菜生长35～40天。

◀ 生长约65天的卷心菜。

▶ 卷心菜生长约75天。

你一定要知道的

种菜小常识

卷心菜苗最营养

采收卷心菜之后所留下的根茎部位，10～15天又能长出小小的卷心菜叶，这就是卷心菜芽（卷心菜苗），此时的嫩叶最好吃。经研究发现，它含有的活性抗癌成分比卷心菜结球高，由于产量少，在市场上是价高又抢手的好货，家庭种菜于采收后不妨试试。

QA问与答

Q1 为什么高山的卷心菜比较清甜好吃?

A1 主要是温差的因素。高山的卷心菜种植在海拔2000米以上，夏日20℃是卷心菜最适合生长的温度，且日照足、辐射高；而平地夏天炎热，所以应该**秋播，经过冬天，春天再播，端午节前采收是最适当的时间**。

Q2 我种植的卷心菜为什么结球不完整?

A2 如果日照不足，有可能造成卷心菜的生长期拉长；**在生长期90天内须吸收至少200小时的日照才足够**。另外，肥分不足也会造成结球不完整，必须要有充足的阳光并适时追肥，才会长成完整的结球。

辣椒

Chilli

一、二年生草本

英文名》Chilli

别名》番椒、辣子、辣茄、辣角、辣虎

科名》茄科

栽种难易度》★★

栽种月份表

1月	2月	3月	4月	5月	6月	7月	8月	9月	10月	11月	12月

栽种▶2—6月

疏苗▶栽种后20天

追肥▶栽种后14天

采收▶栽种后50～60天

特征

- 辣椒属于浅根性作物，因此栽种时必须特别注意，不能让土壤长时间干燥，否则会影响生长。
- **辣椒性喜温暖气候，春季最适合栽种**，低温（15℃以下）易使其落花落果，高温（35℃以上）易产生花粉不孕，而有落花落果的现象。
- 辣椒属好光作物，因此除了发芽阶段外，其余生长期必须有充足的日照，才能促进枝叶茂盛，果实生长发育才会良好，否则易徒长、茎节长、叶片薄，生长不良易造成落花、落果、落叶现象。

绿手指小百科

播种	2—6月，春季为佳。
疏苗	播种后20天（4～5片叶子）可进行疏苗。
追肥	播种后14天，施以有机肥。
日照	日照要充足。
水分	介质干再浇水。
繁殖	点播种子或育苗。
采收	播种后50～60天即可陆续采收。
食用	果实。

栽种步骤

▲辣椒苗。

1 浸泡种子

辣椒可以直接播种或育苗来栽种。播种前取适量的辣椒种子，先泡水8～12小时，沥干水分后再播种。

2 点播种子

以点播的方式播种，每一点放入3颗辣椒种子，种子间距约1厘米，两点之间的距离约30厘米。

3 覆土并浇水

放入种子后轻轻覆上一层约1厘米厚的薄土，并浇水至浇透，至发芽前要保持土壤的湿润度。

4 发芽

4～5天后，就开始冒出小绿芽了。

5 生长时期要施肥

播种后14天追肥，将有机肥轻施在植株的四周，避免碰到根茎，以免造成肥伤，施肥后以薄土覆盖。生长20天后疏苗，淘汰子叶已黄化的幼苗，选择留下一株茎粗健壮的幼苗即可。

6 生长立支架

35～40天后，辣椒生长得直挺翠绿。此时要开始立支架，以防植株倾倒。

7 开花成长

辣椒播种后约40天会开出第一朵花，陆续开花，也开始陆续结果。

▲辣椒开花样貌。

8 结果采收

开花两周后开始结果，辣椒的果实会从绿色变为黑色，再变成红色成熟，播种后50～60天，就可以采收了。

▲果实会从绿色变为黑色，再变成红色成熟。

▲约50天即可采收。

QA问与答

Q1 目前世界上最辣的辣椒是什么品种？又有哪些特别品种呢？

A1 目前世界上最辣的辣椒品种是鬼椒，市面上较难购买，种子的价格也非常昂贵。还有一些特别的品种，如巧克力辣椒，可比朝天椒更辣。

◀巧克力辣椒。

Q2 请问辣椒需要摘芯吗？

A2 不需要。辣椒不用摘芯，虽然摘芯可以促进侧枝生长茂盛，但果实并不会生长更多，而且相对肥分也会需要更多。

九层塔

Basil

一年生半灌木

英文名》Basil

别名》罗勒、千层塔、七层塔、零香

科名》唇形科

栽种难易度》★

栽种月份表

1月	2月	3月	4月	5月	6月	7月	8月	9月	10月	11月	12月

栽种▶2—9月

疏苗▶栽种后14天

追肥▶栽种后14天

采收▶栽种后35～40天

特征

- 因九层塔老化会开花，状似层层叠起的高塔，因此称为九层塔。
- 常食用部位取其嫩茎、嫩叶；老一辈的人亦会在废耕时将老化的茎条、根头取下入药，据说对小孩发育长骨很有帮助，是从头到脚都有利用价值的经济作物。
- 九层塔味道极为特殊，在烹调上常为重要的配角，具有去腥增气的效果，**居家栽种时应常采收其嫩茎、嫩叶，如此可促进分枝生长。**
- 九层塔易开花，若不留种子，应随时摘除，以避免植株因开花而老化，并且可延长采收的时间，非常适合家庭种植。

绿手指小百科

播种	2—9月，春季为佳。
疏苗	两周后疏苗，留下一棵健壮的苗即可。
追肥	播种后14天追肥一次，之后每两星期追肥一次。
日照	日照良好。
水分	水分需求大，夏天可在盆底放置水盘，每天早上加水，保持土壤湿润。
繁殖	播种或扦插。
采收	35～40天采收，可连续采收3～4个月。
食用	嫩茎、嫩叶。

栽种步骤

1 取种子

取适量九层塔的种子。

2 点播种子

将种子以约1厘米的间距直播于土壤上，同一点种下3～5颗种子。

3 覆土后浇水

水分需求大，夏天可在盆底放置水盘，每天早上加水，保持土壤湿润，最好早晚各浇一次水。

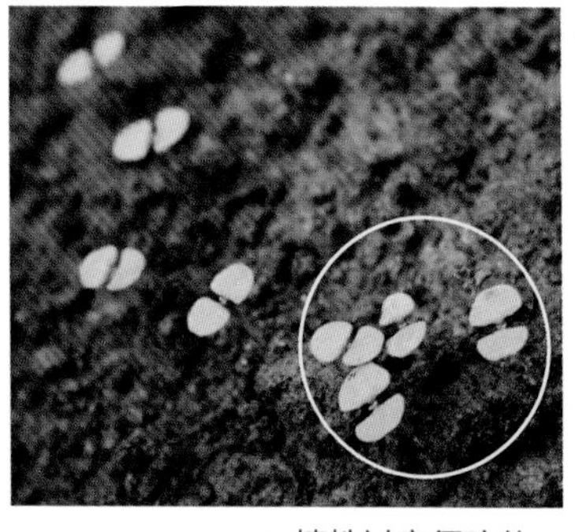

▲植株过密须疏苗。

▲播种后第10天。

4 发芽后疏苗

播种后4～5天就会发芽。两周后疏苗，留下一棵健壮、节点距离短的苗即可。

5 生长期间追肥

播种后两周追肥一次，之后每两星期追肥一次。

6 成长期立支架

待植株长至10～15厘米后，可以立支架，以防止植株倾倒。

7 采收

35～40天即可采收，可连续采收3～4个月。九层塔易开花，若不留种子，应随时摘除，以避免植株因开花而老化，并且可延长采收的时间。

▲50天的九层塔开花的样子。

QA问与答

Q1 九层塔需要常常摘芯吗？

A1 当主干生长到20～30厘米时，就可摘芯采收，并随时摘除花穗，不让其开花，以促进分枝。开花前香气最浓，可采嫩茎食用。

Q2 九层塔可以用扦插的方式栽种吗？

A2 可以。剪一段九层塔枝条（要有芽点），老枝嫩枝皆可，将枝条插入干净的培养土盆里，将扦插的盆放到水里，水位差不多到盆的一半即可，放在阳光充足的地方，3～5天后即会长根了，不过要随时注意水位，若低于盆的一半，即要补水。

九层塔品种大集合

一般比较常见的是红骨及青骨九层塔，大叶及斑叶九层塔比较少见。

▲红骨九层塔。

▲青骨九层塔。

▲大叶九层塔。

▲斑叶九层塔。

青蒜

Garlic

一、二年生草本

英文名》Garlic

别名》蒜仔

科名》葱科

栽种难易度》★★

栽种月份表

1月	2月	3月	4月	5月	6月	7月	8月	9月	10月	11月	12月

栽种▶9月—翌年3月

追肥▶栽种后10天

采收▶栽种后40~50天

特征

- 蒜因收获阶段与食用部位不同而分为蒜黄（蒜瓣在遮光下催芽，其嫩芽称为蒜黄）、青蒜（生长前期，茎叶幼嫩时采收食用）、蒜球（植株老化，基部腋芽肥大成蒜瓣后采收），蒜的每个时期都能充分加以利用。
- 蒜含有蒜素，有杀菌、抗癌的功效，被视为**植物的抗生素**，因此坊间有不少的蒜制品，如蒜精、蒜粉、蒜片等，甚至健康食品也常以蒜作为原料。

绿手指小百科

播种	更适于秋、春二季播种（9月—翌年3月）。
疏苗	无。
追肥	播种后10天即可施有机肥。
日照	日照要充足。
水分	介质干再浇水即可。
繁殖	点播蒜瓣。
采收	播种后40~50天即可采收。
食用	茎叶。

栽种步骤 ▸▸▸

1 挑选蒜瓣

可以在种子行购买栽种用的软骨蒜头，挑选表面光滑饱满、无受损的蒜头来进行种植。将蒜头剥开取出分瓣，若瓣膜太多，可剥除一些。

2 播种蒜瓣

将蒜瓣的圆底端往土壤里轻轻下压，露出尖尖的一端即可。

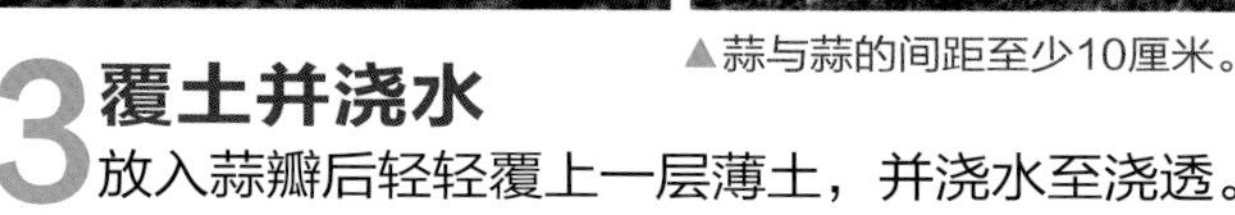

▲蒜与蒜的间距至少10厘米。

3 覆土并浇水

放入蒜瓣后轻轻覆上一层薄土，并浇水至浇透。

4 发芽

约5天，就开始冒出小绿芽。

▲生长7～10天。

5 追肥

大约10天，绿芽生长得直挺翠绿；播种后10天追肥一次即可。

▲在根的周围施适量有机肥。

6 成长后可采收

蒜成长40～50天，就可以全株采收了。

QA问与答

Q1 为什么有人说种蒜头前要先泡水，或冰在冷藏室里再种？

A1 蒜头种植前不需要先泡水，之所以会有冰在冷藏室一说，是因为要破除蒜的休眠，可促进发芽，但其实都不太建议，只要在秋季开始种植，发芽率是很高的，最好不要在夏季种植。

Q2 要如何知道土里的蒜头已经结球，可以采收了？

A2 一般若蒜头有结球，会高过土面，除非种得很深。只要把土拨开来看就知道了，轻轻地拨土不会伤害到根。或当叶子开始有干枯现象时，就表示可以采收了。

种蒜要买软骨蒜头

蒜头分软骨和硬骨两种，一般在菜市场买到的蒜头为硬骨品种，味道较香辣，适合食用。若要种植青蒜，要到种子行购买软骨蒜头，种出来的青蒜会比较嫩。

青葱

Welsh onion

一、二年生草本

英文名》Welsh onion，Green bunching onion

别名》葱、叶葱、水葱、小葱、水晶管

科名》葱科

栽种难易度》★★

栽种月份表

1月	2月	3月	4月	5月	6月	7月	8月	9月	10月	11月	12月

栽种▶1—12月

追肥▶栽种后20天

采收▶栽种后50~60天

特征

- 青葱是烹调料理时不可或缺的重要作料之一，用来提味或去腥，在日常生活的使用上相当广泛。
- 《本草纲目》有记载“葱初生曰葱针，叶曰葱青，衣曰葱袍，茎曰葱白”，很清楚地指出葱的各部位名称。
- 青葱虽易栽培，但因各品种对环境的适应性不同，所以栽培前应观察气候及生长环境等来选择品种。

绿手指小百科

播种	四季皆可，视品种而定。
疏苗	无。
追肥	播种后20天施一次有机肥，之后每7~10天追肥一次。
日照	全日照。
水分	介质干再浇水，排水要良好。
繁殖	点播。
采收	播种后50~60天即可采收，可连续采收数个月（根据生长情况而定）。
食用	茎叶。

栽种步骤

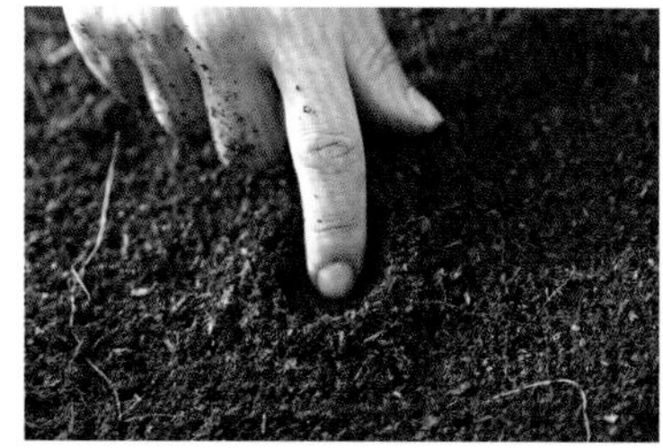

1 浸泡种子

取适量青葱种子，于栽种前一晚先泡水8小时，隔天再沥干准备播种。

2 点播种子

以点播方式播种。先在土壤上挖出一小坑，每一坑内放置5～8颗种子，坑的间距约一个成人拳头的宽度。

▲4～5天发芽。

3 覆土并浇水

播下种子后，再轻轻覆上一层土，并浇水至浇透。4～5天后，就开始冒出小绿芽。

4 生长期间要追肥

播种后20天施一次有机粒肥，之后每7～10天再追肥一次。

5 成长

播种后大约30天，青葱生长得直挺翠绿。

◀生长约50天。

6 准备采收

青葱60天的生长姿态。之后可连续采收数个月。

QA问与答

Q1 为什么经常见到在葱苗上铺一层干稻草？有什么用意吗？

A1 栽种青葱常会以稻草覆盖其上，如此不但可以抑制杂草生长，促进青葱的生长，还可增加葱白的长度，夏天可以保水，冬天可以保暖。居家栽培可捡拾干净的干草、细树枝条来取代不易取得的稻草。

Q2 市场买回来的青葱和红葱头，可以直接拿来种植吗？

A2 可以，直接以从市场买的青葱种植收成会较快。而以红葱头种植出来的则是珠葱，比较细小，是不同的品种。

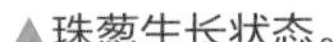

▲珠葱生长状态。

▲珠葱生长状态。

芫荽

Coriander

一、二年生草本

英文名》Coriander

别名》香菜、胡荽、香荽

科名》伞形科

栽种难易度》★

栽种月份表

1月	2月	3月	4月	5月	6月	7月	8月	9月	10月	11月	12月

栽种▶9月—翌年4月

追肥▶栽种后14天

采收▶栽种后30～40天

特征

- 其名称由希腊语Koris及Annon结合，Koris即是椿象，Annon是大茴香，因此被解释为“生叶具有椿象的臭味，而果实类似大茴香的一种作物”，因此欧美人士视为臭菜，而在华人的饮食上，却是蔬菜芳香调味的一种重要作料。
- **性喜冷凉气候，耐冷不耐热，冬天为其盛产期**，15～20℃能栽培出最优良的芫荽，高温生长缓慢（25℃以上）甚至停止生长（30℃以上）。居家栽种时，只要选择日照充足的区域栽种与轮作，就能轻易培育出干净卫生的芫荽。

绿手指小百科

播种	秋、冬、春季（9月—翌年4月）。
疏苗	无。
追肥	播种后14天施一次有机肥，之后每7天再追肥一次。
日照	全日照，日照要充足。
水分	保持土壤湿润并且排水良好。
繁殖	点播种子。
采收	播种后30～40天即可一次采收。
食用	全株茎叶。

栽种步骤

◀剥开果实取得种子。

1 浸泡种子

取5～7颗芫荽的种子，因芫荽属于调味品，不需种植太多。在播种前最好先将芫荽的种子泡水，或者直接剥开果实取得种子。

▲播种的坑直径约3厘米。

2 点播种子

在土壤上用手指挖出一个坑，直径约3厘米，放入5～7颗香菜种子。

3 覆土并浇水

放入种子后轻轻覆上一层薄土，并轻洒水至浇透。

▼生长第12天。

4 发芽

种子播种后约7天就会发芽。

5 追肥

生长约12天的芫荽姿态。播种后14天施肥一次，之后每7天再追肥一次。

6 采收

播种后30～40天，就可以一次采收。

◀生长20天的香菜。

QA问与答

Q1 我种的香菜发芽长出小叶子后，茎长了很容易倒伏，这时是不是应该要移植，把茎埋深一点或补土呢？

A1 若非徒长现象，香菜的幼苗期茎较长，倒伏是正常的现象，宜使用喷雾式浇水，等它再成长到一定程度，就不会有这样的情况发生了，特别注意日照要充足。

Q2 听说种过香菜的土，不能再种同类的植物，如芹菜，那二者可以一起种吗？

A2 香菜忌连作，因此同一盆土不可以连续栽种。若与同属伞形科的芹菜一起栽种也可以，但居家栽种不建议。

Q3 可以把从菜市场买来的含根香菜，直接种到土里吗？

A3 将叶茎剪剩约5厘米，栽种到土里，要保持土壤的湿润，就可以存活。但香菜属于短期作物，30～40天即可采收，因此直接栽种就可以。

芹菜

Celery

一年生草本
英文名》Celery
别名》香芹、旱芹、药芹
科名》伞形科
栽种难易度》★

栽种月份表

1月	2月	3月	4月	5月	6月	7月	8月	9月	10月	11月	12月

栽种▶10月—翌年4月
追肥▶栽种后14天
采收▶栽种后40～45天

特征

- 芹菜有其独特的香味，常用来炖煮、炒或凉拌。
- 芹菜性喜冷凉，15～22℃最适合栽种优良芹菜。因芹菜属喜肥性蔬菜，栽培时除基肥外，追肥亦不可间断。**芹菜属浅根性蔬菜**，居家栽培时，应注意**选择通气性佳与排水良好的土壤**。
- 芹菜分为本地芹与西洋芹。本地芹叶柄细长中空，香味浓，以炒煮为主。而西芹叶柄粗而厚，实心多肉，以生食为主，亦可炒煮。

绿手指小百科

播种：秋、冬季至翌年春季（10月—翌年4月）。
疏苗：无。
追肥：播种后14天施一次有机肥，之后每7天追肥一次。
日照：性喜冷凉，半日照即可。
水分：保持土壤湿润并且排水良好。
繁殖：点播种子。
采收：播种后40～45天即可采收。
食用：全株。

栽种步骤 ▸▸▸

1 取种子

取适量的芹菜种子。

2 点播种子

以瓶盖（约直径2厘米）压在土壤上，每一坑平均撒入约8颗芹菜种子，坑间距约10厘米。

3 覆土并浇水

放入种子后轻轻覆上一层约1厘米厚的薄土，并浇水至浇透，至发芽前要保持土壤的湿润度。4～5天后，就开始发芽。

▲大约10天后，长得直挺翠绿。

4 追肥

14天后追肥，将有机肥轻撒在植株的四周，避免碰到根茎，以免造成肥伤；施肥后以薄土覆盖。之后每7天追肥一次。

5 成长

当芹菜长到30厘米以上时，建议可采取防风措施，可避免植株倾倒。

6 采收

约40天就可以采收了。

QA问与答

Q1 听说芹菜撒种播种会比较慢？

A1 芹菜撒种播种确实会比较慢，所以一般建议买菜苗来种植，会比较快。芹菜非常需要水分，要确保水分充足。

Q2 山芹菜是芹菜的一种吗？

A2 山芹菜是属伞形科的多年生草本，又名鸭儿芹，是属于野菜类，口感和芹菜不太一样，香味也很特别。

芹菜有严重的连作障碍，所以同样的土壤种了芹菜之后，就要换其他的土壤种植，或同样的土壤要几年之后才能再种。

韭菜

Chinese leek

多年生草本

英文名》Chinese leek

别名》懒人菜、起阳韭、长生韭

科名》百合科

栽种难易度》★

栽种月份表

1月	2月	3月	4月	5月	6月	7月	8月	9月	10月	11月	12月

栽种▶1—12月

追肥▶栽种后10天

采收▶栽种后70~80天

特征

- 韭菜是多年生草本植物，每割取一次，又会再行生长，所以《说文解字》说："一种而九，故谓之韭"，为长长久久的意思。而由唐杜甫的诗句"夜雨剪春韭，新炊间黄粱"，可知韭菜自古以来就有栽培了。
- 一般家庭种菜一期可维持2~3年，每35~45天（大约20厘米，剪或割取留下2~3厘米）可采收一次，只要在日照充足的环境，加上定期追肥（每次采收后追肥），就能轻易栽种出新鲜的韭菜。

绿手指小百科

播种	四季皆可，春、秋季最佳。
疏苗	无。
追肥	播种后10天施肥，之后每10天再追肥一次。
日照	日照应充足。
水分	介质干再浇水。
繁殖	点播种子。
采收	70~80天采收，之后每35~45天可再采收，可连续采收约两年。
食用	茎叶。

栽种步骤 ▸▸▸

1 取种子

取5 ~7颗韭菜种子。

2 点播种子

在土壤上用手指挖出一个坑，直径约3厘米，放入5~7颗韭菜种子。

▲洞的直径约3厘米。

3 覆土并浇水

放入种子后轻轻覆上一层薄土，并轻洒水至浇透。

4 发芽

待5~7天，韭菜就会开始发芽。

◀生长20天的韭菜。

▼生长第40天。

5 生长期要施肥

播种后10天施肥，之后每10天再追肥一次。韭菜人称“万年菜”，只要注意保持土壤湿润，施有机肥，非常容易存活。

6 采收

播种后70～80天可采收，之后再过约40天可再采收，可连续采收约两年。

QA问与答

Q1 请问韭黄跟韭菜是什么关系？是不同的品种吗？

A1 韭黄其实就是韭菜，只是在栽种生长的过程中，刻意让韭菜不受到阳光的照射，以人工方式遮挡光线，造成韭菜颜色黄化，口感软嫩，即是韭黄。而绿韭菜在抽薹长出花苞时，趁花苞尚未饱满即割取，就是韭菜花。

Q2 为什么我家的韭菜割过一次后，就长不太起来了？

A2 韭菜每次采收要割到底（留2～3厘米）。要注意土壤是否保持湿润，但不能太潮湿，阳光要充足，才会长得好。韭菜算是很好种的蔬菜，既耐寒又耐热，韧性相当强。在多次采收后，茎叶渐小，故2～3年后须更新或挖起换土重种。

4

叶菜类

栽种步骤大图解

10种叶菜类蔬菜，只要30天就能采收！

跟着图解栽种步骤，

你可以在自家阳台、顶楼，

开始享受DIY种菜收获的乐趣！

地瓜叶

Sweet potato vine

多年生蔓性、矮生草本

英文名》Sweet potato vine

别名》番薯叶、甘薯叶

科名》旋花科

栽种难易度》★

栽种月份表

1月	2月	3月	4月	5月	6月	7月	8月	9月	10月	11月	12月

栽种▶1—12月

追肥▶栽种后14天

采收▶栽种后30～40天

特征

- 地瓜叶有蔓性与矮生品种，叶呈心形，地下长块根，营养价值极高。
- 早期地瓜叶是种给猪吃的，可见地瓜叶是一种很容易栽培的家庭蔬菜。
- 地瓜叶含大量叶绿素、植物纤维、维生素A、B族维生素、维生素C以及白色汁液，能促进肠胃蠕动，降低胆固醇，**预防心血管疾病**，营养价值高。
- 现代人饮食中不乏大鱼大肉，为了追求健康营养，地瓜叶反而成为市场里的宠儿，可以说是咸鱼翻身。

绿手指小百科

播种	全年，但以3—10月，春季最适合。
疏苗	无。
追肥	扦插后14天或每次采收后追加有机肥。
日照	日照应充足。
水分	保持土壤湿润及排水良好。避开中午时间浇水，以早晨或傍晚最好。
繁殖	扦插繁殖。
采收	30～40天即可采收。
食用	全株茎叶皆可食用。

栽种步骤

▲有侧芽的枝条，有利生长。

1 挑选枝条

取15～20厘米的健壮枝条进行扦插。选择有侧芽的枝条，较有利于植株的生长。

2 拔除叶片

拔除多余的叶片再扦插，可避免水分流失。

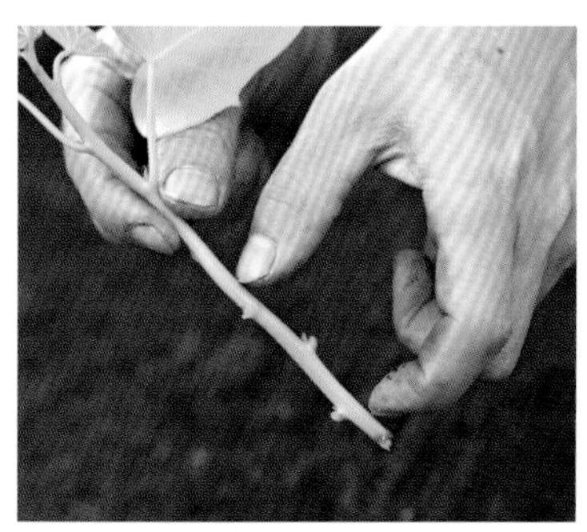

3 斜角扦插

将枝条斜插到土里，深度约3个节点的长度，稍稍倾斜角度扦插，有利于根部的发育。

4 注意间距

以一个成人拳头的宽度为间距进行扦插种植，扦插后要浇水，若天气炎热，要移至阴凉处或有遮阴的地方，以利于长根。

5 生长

扦插后约10天，地瓜叶已经长根，侧芽也开始长出新叶子了，生长非常迅速。

▲地瓜叶长成40天，追肥。

6 施肥

扦插后两星期开始施有机肥，之后每采收一次追肥一次。

扦插种植小技巧

在采收地瓜叶数次后，若发现老叶或黄叶多，可以直接剪除，保留土上约10厘米的茎即可，让它重新生长，促进新枝、嫩叶长出。

在夏日扦插时，因天气炎热，而扦插的地瓜叶尚未长根成熟，需移至阴凉处或有遮蔽物处，否则不易存活。

7 采收

扦插后30～40天就可以陆续采收了。

QA问与答

Q1 采收地瓜叶时，要连茎一起采收，还是只采收叶子？可用手直接摘取吗？

A1 只要摘取地瓜叶嫩茎叶的部分即可，用手或剪刀摘取皆可，视个人习惯。

Q2 我种的地瓜叶为什么叶子会黄黄的？是生病了吗？该怎么办？

A2 地瓜叶的叶子黄化有很多原因，有可能是滤过性病毒在浇水时停留在叶面上造成感染，所以浇水时最好直接浇于土壤上，不要浇在叶面上，尤其是天凉的季节，容易产生病菌。

红凤菜

Gynura

多年生草本

英文名》Gynura

别名》红菜、补血菜、妇女菜

科名》菊科

栽种难易度》★

栽种月份表

1月	2月	3月	4月	5月	6月	7月	8月	9月	10月	11月	12月

栽种▶1—12月

追肥▶栽种后14天

采收▶栽种后30～40天

特征

- 在乡下的庭院、墙角常会看到红凤菜，因为具**耐阴的特性**，所以**可利用一些光线较不足的地方栽种**，很适合在自家阳台少量栽种。
- 红凤菜大致可分为圆叶和尖叶两种。圆叶品种有蔓性，需较大的栽种面积，若栽种面积不大，可选用尖叶品种来栽种。
- 红凤菜生命力强、易栽培，全年都可栽种。夏天可使用遮光网50%减光，冬天以防风网挡风，能培育出好吃健康的红凤菜。
- 红凤菜除了具有众所皆知的**补血功能**外，还可预防高血压、支气管炎，所以不只适合女性食用，对年长者也有不错的效果。

绿手指小百科

播种	全年，尤其以春、秋季品质较好。
疏苗	无。
追肥	扦插后14天，或每次采收后追加有机肥。
日照	耐阴性强，日照稍不足也能生长。
水分	保持土壤湿润及排水良好。避开中午时间，以早晨或傍晚浇水最好。
繁殖	扦插繁殖。
采收	30～40天即可采收。
食用	全株茎叶皆可食用。

栽种步骤

1 挑选枝条

挑选15～20厘米的粗壮枝条进行扦插。枝条最好有侧芽，可以加速生长。

▲有侧芽的枝条，可加速生长。

2 拔除叶子

拔除红凤菜多余的叶片，避免水分流失。欲插入土的部位（从下而上到第3个节点处），叶子都要拔除掉，以利于扦插。

3 斜角扦插

将红凤菜的枝条斜插到土里，稍稍倾斜角度扦插，有利于根部生长，要保持土壤湿润。

4 注意间距

以一个成人拳头的宽度为间距进行扦插种植，扦插后要浇水至浇透。

5 生长新叶

两周后开始长根及长出新叶。扦插后两星期开始施有机肥，之后每次采收后再追肥一次。

▲两周后长出根的样貌。

6 成长后采收

扦插后30～40天就可以陆续采收了。

你一定要知道的种菜小常识

扦插时避免阳光直射

在扦插红凤菜时，若天气炎热，可用遮光网(也可应用厚纸板或纸箱)，避免阳光直射，否则因尚未长根容易死亡。

QA问与答

Q1 为什么扦插初期不能马上施肥，要等两个星期后呢？

A1 植物在扦插后10～14天会长细根，此时应避免细根受到肥伤；等植株长根较多之后（14～20天）再开始追肥，之后每采收一次就追肥一次，以补充养分。

Q2 为什么在夏天时，红凤菜会垂头丧气的？

A2 因为夏日气温较高，红凤菜的水分散发过快，就会见到红凤菜“垂头丧气”的样子；但是在傍晚浇水过后，植物进行呼吸作用，到时候红凤菜又会自然直挺了。

▲红凤菜缺水状态。

空心菜

Water convolvulus

一年生蔓性草本

英文名》Water convolvulus

别名》应菜、蕹菜

科名》旋花科

栽种难易度》★

栽种月份表

1月	2月	3月	4月	5月	6月	7月	8月	9月	10月	11月	12月

栽种▶3—10月

疏苗▶栽种后10天

追肥▶栽种后7～10天

采收▶栽种后30～35天

特征

- 属热带植物，喜欢高温湿润以及长日照环境，为夏季主要蔬菜之一。
- 播种后30～35天即可采收，剪嫩茎叶食用，采收时留下约5厘米基部继续种植，则可连续采收数次，非常适合家庭栽培。
- 生命力强，可土耕，也可水耕，堪称“两栖植物”。
- 蛋白质、钙质含量丰富，并且有大量维生素以及纤维素，是一种营养丰富的蔬菜。

绿手指小百科

播种	适于3—10月栽种。
疏苗	播种后10天，保持株距至少2厘米。
追肥	栽种前施以有机肥当基肥（底肥），第一次采收后追肥，之后7～10天再追肥一次。
日照	日照应充足，并且在通风的环境中栽种。
水分	可以水耕，喜欢湿润土壤，所以要保持土壤湿润。
繁殖	可以条播或撒播直接播种。
采收	30～35天即可全株采收或采收嫩茎叶，留下约5厘米根茎部继续种植，之后则可连续采收。
食用	全株皆可食用。

栽种步骤

1 取种子先泡水

取适量种子，可于前一晚先泡水，隔日早上再播种，可加快发芽速度。

2 条播种子

采取条播法种植。在土上划一条约3厘米宽、1厘米深的浅沟，沿浅沟播种，种植的菜就会整齐排列。

3 覆土后浇水

播种后轻覆薄土，约1厘米的厚度，必须马上浇水并且放置于阴凉通风的环境中。

4 发芽后可疏苗

播种后约2天，即可看到种子发芽。5～7天，已长出2片子叶，若植株太密，可适时疏苗。长出绿叶后必须要有充足的日照进行光合作用。

5 生长期要施肥

空心菜属于短期叶菜类蔬菜，当本叶长出4～6片时，可以在根部附近或表土上，适量施以有机肥。

采收后留下约5厘米的根茎部继续生长。

6 采收

大约30天，就可以采收。采收可剪取土上约5厘米上方的茎叶，空心菜可再自行生长，若生长得好，可以连续采收数次。

QA问与答

Q1 我的空心菜种起来稀疏歪斜，要如何改善呢？

A1 建议在播种时多撒一点空心菜种子，但也不能让它们重叠太多，只要不影响生长，可以多撒点种子，细长的空心菜可以相互倚靠，大约2厘米稍密的间距都是可以的。施肥时可以把肥料埋进土里，以减少蚊虫滋生。

Q2 以水耕法栽种的空心菜与土耕法栽种的，有何差别呢？

A2 水耕空心菜大约只能采收两次，就要重新再扦插种植，而土耕空心菜的采收次数较多。

你一定要知道的 种菜小常识

空心菜喜欢湿润土壤，因此要保持土壤湿润，不宜过长时间干燥。尤其在炎热的夏天，土壤过于干燥会影响空心菜生长，可使用自动滴水灌溉，保持土壤水分。

小白菜
Pakchoi

一年生草本

英文名》Pakchoi

别名》白菜、黄金白菜、凤山白菜、土白菜

科名》十字花科

栽种难易度》★

栽种月份表

1月	2月	3月	4月	5月	6月	7月	8月	9月	10月	11月	12月

栽种▶1—12月

疏苗▶栽种后7天、12天

追肥▶栽种后12天

采收▶栽种后25～30天

特征

- 白菜的品种繁多，可分为不结球白菜与结球白菜两大类，不结球白菜，我们统称小白菜，而结球白菜，我们称之为大白菜。
- 小白菜全年可栽种，成长速度快（25～30天），但**虫害十分严重，因此农药残留比例过高，要特别小心。**
- 口感佳，烹调方式多样，是我们常吃的蔬菜之一。非常适合在家安心自种，可以现采现吃 。
- 小白菜富含的矿物质能促进骨骼生长，加速身体新陈代谢，增强身体造血功能，胡萝卜素、烟酸等成分能舒缓紧张情绪。

绿手指小百科

播种	全年皆可栽种，尤其以春、秋季品质较佳。
疏苗	7天（2～3片叶子）进行第一次疏苗，12天（4～5片叶子）进行第二次疏苗，每株间距8～12厘米。
追肥	本叶长出4～5片时（12天），施以有机肥。
日照	全日照。
水分	必须保持土壤湿润及排水良好。
繁殖	撒播种子。
采收	25～30天即可全株采收。
食用	全株茎皆可食用。

栽种步骤

1 挑选种子

检查种子是否完整无损伤，尽量挑选大颗的种子。

2 撒播种子

以撒播的方式播种，大约以1厘米的间距撒播。

3 覆土后浇水

播种后覆土约0.5厘米的厚度，可防止种子因浇水而被冲散。覆土后必须马上浇水。

4 发芽

播种后1～2天，就可以看到种子发芽。

5 疏苗

7天长至2～3片叶子时，进行第一次疏苗。到第12天或长4～5片叶子时，视状况进行第二次疏苗，每株间距8～12厘米。

▲疏苗前：植株间过于拥挤，会影响植株成长，所以要进行间拔。

▲疏苗后：植株间的空间变大，小白菜才有生长的空间。

6 追肥

大约12天就开始快速成长。当本叶长出4～5片时，就要适量施以有机肥。

7 成长
大约20天，小白菜就长得很茂盛了。

8 采收
播种后25~30天，小白菜已经可以采收喽！

播种后一定要覆土

小白菜的种子从播种到发芽期间，只需吸足水分，不太需要光线或只需微弱光线，因此覆土也有减弱光线的作用。覆土后将土彻底浇湿，尽可能在阴暗通风的环境下让种子发芽，等长出2片叶子后再移到有阳光的地方，让植株生长。

QA问与答

Q1 为什么我种小白菜时浇水施肥了，但是叶子却黄了？

A1 小白菜生长14～20天，常会有叶片黄化的现象。大部分是缺肥所致，若此时才开始追肥可能为时已晚，因此在播种前就要充分混入有机肥。

Q2 为什么要疏苗呢？这样会不会造成浪费？不疏苗会有什么结果？

A2 播种的数量通常会多于最后采收的数量，因为我们无法确定种子的发芽率与成长后的状况，因此疏苗的时候，只需保留健壮的植株，让植株彼此有适当的空间成长，也可使植株透气通风，减少病虫害发生。若此时疏苗的分量够，可以拿来食用，就不会觉得浪费了。

菠菜

Spinach

一年生草本

英文名》Spinach

别名》红根菜、鹦鹉菜

科名》藜科

栽种难易度》★★

栽种月份表

1月	2月	3月	4月	5月	6月	7月	8月	9月	10月	11月	12月

栽种▶9月—翌年3月

疏苗▶栽种后10～14天

追肥▶栽种后12～15天

采收▶栽种后35～40天

特征

- 原产于中亚波斯（现在的伊朗），大约于汉朝时期传入中国。
- 菠菜的**营养价值高**，富含胡萝卜素、维生素B_1、维生素B_2、维生素C，亦含大量钙、铁、矿物质，早年的动画片《大力水手》就以菠菜的营养价值，鼓励小朋友多吃蔬菜，目前已是人人皆知的蔬菜之一。
- 菠菜性喜冷凉，室温18～22℃最宜，过冷（15℃以下）或过热均会影响其生长，易使菠菜提早老化或生长停滞。

绿手指小百科

播种	春、秋、冬三季栽培。
疏苗	10～14天（2片叶子）第一次疏苗，之后根据情况进行第二次疏苗。
追肥	本叶长出3～4片时，适量施以有机肥。
日照	性喜冷凉，日照时间过长容易抽薹开花；对光线敏感，因此栽培时，夜间要避开灯光。
水分	介质干再浇水。菠菜不喜欢过湿，要注意浇水不过量。
繁殖	撒播种子。
采收	35～40天即可全株采收。
食用	全株皆可食用，根部营养丰富，不宜去除。

栽种步骤

1 买种子

一般市售菠菜种子有两种颜色，一种是带有杀菌剂的粉红色，另一种是不含化学药剂的原色。

2 浸泡种子

菠菜的种子最好在前一天先泡水，可缩短发芽的时间，浸泡8～12小时即可。

3 点播种子

将种子以约10厘米的间距直播于土壤上，同一点播下3～5颗种子。

▲覆上一层薄土后浇水，保持土壤湿润。

4 发芽后疏苗

3～5天后，开始长出小小绿芽。10～14天就可以开始疏苗，等长出3～4片叶子时，视状况进行第二次疏苗，将黄叶或子叶不完整的幼苗摘除。

5 生长期可追肥

菠菜属于短期叶菜类蔬菜，每周少量施肥一次。12~15天长出3～4片本叶时，可以在根部附近或表土上，适量施以有机粒肥。

6 生长期注意浇水

菠菜性喜冷凉，忌高温潮湿，所以生长期间应在上午浇水，保持土壤全天湿润，切勿浇水过量。

▲生长约15天。

▲生长约20天。

7 采收

25天之后就生长茂密了，此时可以先采摘部分食用。35~40天，菠菜就可以采收了。

QA问与答

Q1 菠菜的种子一定要先浸泡吗？不浸泡可以吗？

A1 如果省略浸泡种子的步骤，种子还是会发芽，只是发芽的时间会较久，而且植株的生长速度会不一致。

Q2 菠菜种子有两种颜色，哪一种比较好呢？

A2 一般市面上菠菜的种子有两种，一种是粉红色的种子，另一种为原色的种子。粉红色的菠菜种子是因为添加了杀菌剂等化学药剂，可以延长种子的保存期限及延迟发芽，避免被虫吃。若想在家种植有机菠菜，建议最好挑选没有添加药剂的原色种子。

▲粉红色种子含有杀虫药剂。

▲原色种子不含化学药剂。

茼蒿

Crowndaisy chrysanthemum

一、二年生草本

英文名》Crowndaisy chrysanthemum

别名》打某菜、春菊、菊花菜

科名》菊科

栽种难易度》★

栽种月份表

1月	2月	3月	4月	5月	6月	7月	8月	9月	10月	11月	12月
■	■	■						■	■	■	■

栽种▶9月—翌年3月

疏苗▶栽种后10天

追肥▶栽种后10天

采收▶栽种后30～40天

特征

- 一年当中除了炎热的夏天外，其他季节都适合栽种茼蒿。
- 茼蒿叶片含有大量的水分，但一经热烫，水分便大量流失，原本一大把菜只剩一小碟。
- 茼蒿的茎和叶均可食用，营养成分高，尤其胡萝卜素的含量超过一般蔬菜，是营养价值高的鲜美绿叶菜，尤其在天冷的火锅季，更是餐桌上不可或缺的佳肴。
- 茼蒿含有一种**挥发性的精油以及胆碱等物质**，因此具有开胃健脾、降压补脑等功效；常食茼蒿，对咳嗽痰多、脾胃不和、记忆力减退、习惯性便秘等均有改善效果。

绿手指小百科

播种	秋、冬、春季播种，以秋、冬季品质最佳。
疏苗	播种后10天，生长1～2片叶时可适时疏苗。
追肥	生长期间每10天追肥一次，或少量多次追肥。
日照	全日照，日照充足且良好。
水分	水分需求大，必须要充足。
繁殖	撒播种子。
采收	30～40天即可采收，可连续采收1～2次（根据植株生长情况而定）。
食用	全株皆可食用。

栽种步骤

1 浸泡种子

茼蒿种子播种前，可先泡水6～8小时。

2 撒播种子

以撒播的方式播种，均匀地轻撒于土壤上。

3 覆土并浇水

播种后轻轻覆上一层薄土。覆土后要轻洒水，并保持土壤湿润。

4 发芽后疏苗

播种后3～4天，茼蒿开始发芽。生长到1～2片叶时，可以在互相重叠的部分进行疏苗，之后可视状况再做第二次疏苗。

5 生长期间要追肥

生长期间要注意日照充足，以免造成蔬菜徒长。生长期间每10天要追肥一次，尽量少量多次。

×

◀日照不足，造成徒长现象。

6 采收

经30～40天，茼蒿达20厘米且花薹未抽出前，即可采收。采收时可保留4～5片叶子，施以液肥后侧芽会再继续生长。

QA问与答

Q1 为什么茼蒿采收后要保留4～5片叶子？

A1 采收后保留4～5片嫩叶，让植株可以继续进行光合作用，就能再行生长，可以再采收数次。

Q2 为什么要在花薹尚未抽出前采收？来不及采收会怎么样呢？

A2 茼蒿喜欢冷凉气候，气温在15～18℃最适宜栽种；若高温日照12小时以上，会提早抽薹开花，蔬菜开花表示要老化繁衍下一代，因此在未开花抽薹前采收的茼蒿较嫩，品质较好。

Q3 为什么我种的茼蒿长得不像市场卖的那么好？

A3 秋播茼蒿常会因白天“秋老虎”的肆虐，造成土壤干燥进而影响茼蒿生长。因此栽种茼蒿必须随时保持土壤湿润，冬天寒流来袭，在10℃以下也会影响茼蒿的生长，此时应采取防寒措施，可用透明塑料布包覆四周，保持通风，做小型温室栽培。

◀可用透明塑料布包覆四周，采取防寒措施。

青江菜

Flowering cabbage

一年生草本

英文名》Flowering cabbage

别名》汤匙菜、汤匙白、青梗白菜

科名》十字花科

栽种难易度》★

栽种月份表

1月	2月	3月	4月	5月	6月	7月	8月	9月	10月	11月	12月

栽种▶1—12月

疏苗▶栽种后7天

追肥▶栽种后10天

采收▶栽种后25～35天

特征

- 一年四季皆可栽培。因生长速度快，栽种能获得很大的成就感。适合居家栽种，初学者可于秋天播种，成功率较高。
- 含维生素C、维生素B_1、维生素B_2、β胡萝卜素、钾、钙、铁、蛋白质等营养，可抗老化，滋润皮肤，且富有纤维质，可以有效改善便秘；全株均可食，适合炒食或煮汤。
- 中医认为**唇舌干燥、牙龈肿胀出血，多吃青江菜可获得改善**。
- 青江菜的茎叶含有大量水分，若为有机青江菜，可直接生食。

绿手指小百科

播种	全年皆可栽种，尤其以春、秋、冬季品质较佳。
疏苗	7天（2～3片叶子）进行第一次疏苗，12天（4～5片叶子）进行第二次疏苗，植株间距8～12厘米。
追肥	本叶长出4～5片时，适量施以有机肥 。
日照	全日照。
水分	必须保持土壤湿润及排水良好。
繁殖	撒播种子。
采收	25～35天即可全株采收食用。
食用	全株茎叶皆可食用。

栽种步骤

1 取种子

取适量青江菜的种子，准备播种。

2 撒播种子

以撒播的方式播种，种子大约以1厘米的间距撒播。土壤在播种前先施基肥，后续可不须追肥。

3 覆土后浇水

播种后覆上薄薄一层土。覆土后必须马上浇水，保持土壤的湿润度及良好的排水性，避开中午时间浇水，以早晨或傍晚为宜。

▲疏苗前。

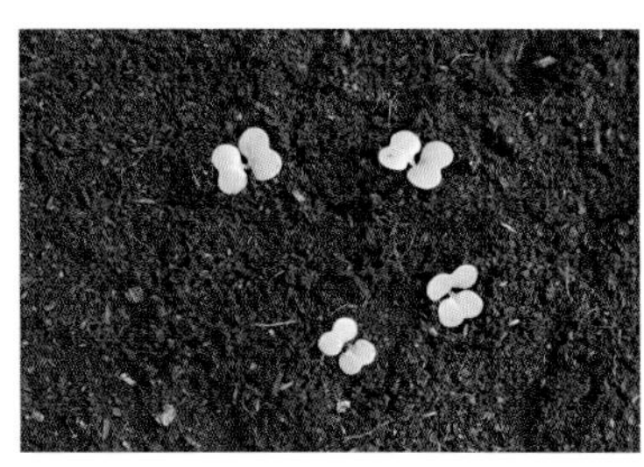

▲疏苗后。

4 发芽

1～2天可以看到种子发芽。

5 第一次疏苗

第7天长成2～3片叶子时进行第一次疏苗，植株间距8～12厘米。

6 第二次疏苗

第12天长出4～5片叶子时，若植株间距仍太密，可以在此时进行第二次疏苗。

7 施肥

青江菜属于短期叶菜类蔬菜，播种前施基肥，不须追肥。若需施肥，当本叶长出4～5片时，可以在根部附近或表土上，适量施以有机肥。

8 采收

在25～35天，就可以采收。

QA问与答

Q1 为什么我的青江菜还没采收就开始黄叶了呢？

A1 菜叶黄化的影响因素很多，除了自然老化，还有可能是浇水过多或缺肥，尤其家庭式栽培用的是培养土，保水和保肥力有限，所以建议添加1/3左右的一般土与培养土混合使用，可改善保水、保肥力。

Q2 市面上有一种跟青江菜很像的蔬菜，但为紫色叶片，跟青江菜是同一种吗？

A2 这是青江菜的新品种，名叫紫叶青江菜，为进口的稀有品种，也有种子在卖。

芥蓝

Chinese kale

一年生草本

英文名》Chinese kale

别名》绿叶甘蓝、格蓝菜

科名》十字花科

栽种难易度》★

栽种月份表

1月	2月	3月	4月	5月	6月	7月	8月	9月	10月	11月	12月

栽种▶1—12月

疏苗▶栽种后7天、12天

追肥▶栽种后12天

采收▶栽种后30～40天

特征

- 一年四季均能栽培，生性强健，适应能力及抗病能力都很强，很适合居家栽培。
- 属十字花科植物，**虫害严重**，所以购买非有机芥蓝时，**若叶面完整无小洞，则农药残留概率相对较高。**
- 多吃芥蓝能清洁血液，增强抵抗力，促进皮肤新陈代谢，是自然养颜圣品。富含维生素A、B族维生素、维生素C及各种矿物质，例如磷、钾、钙、镁、钠、铁、锌等。

绿手指小百科

播种　全年皆可栽种，尤其以春、秋、冬季品质较佳。

疏苗　7天（2～3片叶子）进行第一次疏苗，12天（4～5片叶子）进行第二次疏苗，植株间距8～12厘米。

追肥　本叶长出4～5片时，适量施以有机肥 。

日照　全日照。

水分　必须保持土壤湿润及排水良好。

繁殖　撒播种子。

采收　30～40天即可全株采收或摘取嫩叶、花薹食用。

食用　全株茎叶皆可食用。

栽种步骤

1 取种子

取适量芥蓝种子，准备播种。

2 撒播种子

以撒播的方式播种，种子以大约1厘米的间距撒播。播种前也可以施基肥，日后即不用再追肥。

3 覆土后浇水

播种后覆土，约0.5厘米的厚度， 可防止种子因浇水而被冲散。覆土后必须马上浇水。保持土壤的湿润度及良好的排水性。避开中午时间浇水，以早晨或傍晚为宜。

▲芥蓝生长14～18天。

4 发芽后疏苗

播种后1～2天就可以看到小小种子发芽了。第7天长出2～3片叶子时，可进行第一次疏苗。

5 生长期间可施肥

芥蓝属于短期叶菜类蔬菜，播种前施基肥，不须追肥或少量使用。若需施肥，当长出4～5片本叶时，可以在根部附近或表土上，适量施以有机肥。

6 第二次疏苗

生长第12天，可根据情况进行第二次疏苗，植株间距为8～12厘米。拔下的幼苗亦可食用。

7 采收

播种后30～40天，就可以陆续采收，芥蓝可连续采收数次。

QA问与答

Q1 芥蓝的花分成黄色和白色两种，在食用上有什么差别吗？

A1 芥蓝分黄花和白花两个品种：在食用上白花芥蓝可以整株食用，要全株采收；黄花芥蓝则食用嫩茎叶的部分，可连续采收数次。

Q2 我的菜长得瘦高细长，是营养不良吗？

A2 蔬菜的菜茎过于细长，是徒长现象，表明日照不足，或者水分过多，要从日照及水分方面进行改善。

幼苗徒长现象。▶

▲黄花芥蓝开花样貌。

落葵

Ceylon spinach

一年生或多年生蔓性草本

英文名》Ceylon spinach

别名》皇宫菜、胭脂菜

科名》落葵科

栽种难易度》★

栽种月份表

1月	2月	3月	4月	5月	6月	7月	8月	9月	10月	11月	12月

栽种▶3—10月

疏苗▶栽种后10天、20天

追肥▶栽种后14天

采收▶栽种后30～35天

特征

- 落葵就是一般俗称的“皇宫菜”，**生性强健**，**病虫害少**，极少施用农药，**是少数公认的安全蔬菜之一**。
- 性喜高温，生育适温为25～30℃；耐热、耐湿，对环境适应性强，是台湾地区的乡土蔬菜。
- 落葵有蔓性，可达数米长。茎叶光滑、肉质柔软，可直立伸展，亦可沿支柱蔓生。栽种期间特别留意强风，长期受强风吹袭会影响生长，叶片会变薄，若在居家顶楼栽种，可架防风网挡住强风。

绿手指小百科

播种	3—10月，春季播种更佳。
疏苗	第10天（2～3片叶子）进行第一次疏苗；第20天根据情况进行第二次疏苗。
追肥	播种后14天施肥于根周围，再覆土。
日照	全日照。
水分	水分需求度高，要随时保持土壤湿润。
繁殖	播种或扦插。
采收	播种后30～35天即可采收。
食用	嫩茎叶。

栽种步骤

1 取种子

取适量的落葵种子。

2 点播种子

使用点播的方式，每一坑中放入3～5颗种子。

3 覆土并浇水

播种后轻轻覆上一层薄土。覆土后要轻洒水，并保持土壤湿润。播种后3～5天，就会开始陆续发芽。

4 发芽后疏苗

播种后第10天（2～3片叶子）进行第一次疏苗，第20天再根据情况进行第二次疏苗。

5 生长期可追肥

因采收期长，所以两周后在根周围施肥，每次采收之后再追肥，可少量多次。

▲生长约第20天。

▲生长约第25天。

6 采收

经30～35天即可采收嫩茎叶食用，之后每15～20天可再陆续采收。

▲生长约80天后，皇宫菜开花样貌。

QA问与答

Q1 落葵用扦插还是播种的方式种植比较好呢？

A1 落葵直接扦插种植长根，需要10～14天的时间，之后才会开始长叶，25～30天可采收；若采取直接播种，则同时长根长叶，成功率会较高。

Q2 落葵吃起来黏黏的，很像川七菜，这黏液有什么作用吗？

A2 落葵特有的黏液对人体的胃壁有良好的保护作用，是对肠胃非常好的蔬菜。用麻油姜丝清炒就是相当美味的一道菜。

莴苣

Garden lettuce

一、二年生草本

英文名》Garden lettuce

别名》剑菜、鹅仔菜、媚仔菜、莴仔菜

科名》菊科

栽种难易度》★

栽种月份表

1月	2月	3月	4月	5月	6月	7月	8月	9月	10月	11月	12月

栽种▶1—12月

疏苗▶栽种后7天、12天

追肥▶栽种后14天

采收▶栽种后30～35天

特征

- 莴苣是日常生活中常见的蔬菜，尤其是生菜沙拉、快餐汉堡里夹的生菜都叫莴苣。
- 莴苣分为不结球莴苣与结球莴苣，因莴苣的叶片有白色乳液，会分泌特殊气味，让虫不敢靠近，因此**栽培期不常使用农药，算是相当安全的蔬菜**。但要注意叶片一定要彻底清洗干净，避免将叶片上残留的虫卵、细菌吃进肚里。
- 又称“减肥生菜”，纤维含量高，深受女性朋友的喜爱。

绿手指小百科

播种	1—12月皆适合播种，以秋、冬、春季品质较好。
疏苗	播种后7天可以开始进行第一次疏苗，第12天可以根据生长情况再进行第二次疏苗。
追肥	播种后14天施有机肥，之后每周再追肥一次。
日照	日照要良好。
水分	保持土壤湿润及排水良好。
繁殖	撒播种子。
采收	30～35天即可全株采收。
食用	全株皆可食用。

栽种步骤

1 取种子

取适量的莴苣种子，准备撒播。

2 撒播种子

取适量的种子，以撒播的方式将种子均匀地轻撒于土壤上。

3 浇水不覆土

莴苣种子好光，所以播种后不要覆土，直接以洒水器洒水于种子上，让种子吸足水分，充分湿润。

4 发芽后再疏苗

播种后2～3天，莴苣的嫩芽就冒出头了。播种后第7天，长出两片子叶后，可以进行第一次疏苗，将子叶发育不完整的幼苗摘除。

5 生长期要施肥

第12天莴苣已经长出4～5片叶子。此时，可以依生长状况进行第二次疏苗，摘除发育不健全的幼苗。第14天可以施加有机肥一次，之后每7天再追肥一次。

▲每7天追肥一次。

6 成长

莴苣喜好冷凉气候，除盛夏外，其他季节栽种都能有好的收成。

▲成长20天的莴苣。

▲成长25天的莴苣。

▲成长25天的莴苣。

7 采收

在30～35天，莴苣就可以采收了。

QA问与答

Q1 为何我播的莴苣种子，已经数天了却还没发芽？

A1 莴苣喜欢冷凉的环境，尤其温度在18～22℃之间最适当。莴苣种子有适光性，因此不宜覆土，播种后将种子充分浇湿，移至阴凉处或盖上报纸，防止太阳直接照射，等种子发芽后再移至阳光下生长。

Q2 莴苣可以种植后不采收，让它结果再收集种子吗？

A2 莴苣开花之后会结果实，可剪取一段已结果的枝条，在纸上或布上轻轻敲打枝条，种子就会自行掉落。收集之后放入冰箱冷藏，若保存良好，可以存放两年。如超过两年或存放不当，种子的发芽率不佳。

▲拔叶莴苣生长约80天，可准备收集种子。

Q3 听说莴苣是对人体伤害最大的蔬菜，为什么呢？

A3 提到莴苣就会联想到生菜，莴苣栽培不需使用农药，但是直接生吃反而成为隐忧。吃生菜沙拉前最好能彻底清洗每个叶片。根据统计，清洗叶片需冲洗30分钟，才能将叶片上的细菌、虫卵彻底清洗干净，所以在外食生菜沙拉时要注意。

莴苣类蔬菜大集合

油麦菜、尖叶莴苣、圆叶莴苣、皱叶莴苣、菊苣、萝蔓、福山莴苣、美生菜、立生莴苣、波士顿莴苣等都算是莴苣类的蔬菜。

▲明眼莴苣（菊苣）（25天）。

▲拔叶莴苣（20天）。

▲油麦菜（25天）。

▲福山莴苣（30天）。

▲萝蔓（40天）。

▲皱叶莴苣。

附录：中国传统种菜二十四节气

注：北部、中部、南部指台湾地区的北部、中部、南部。

小寒 阳历 **1月5或6日** 【阴历：十二月】天气严寒。

北部	菜豆、白萝卜、萝卜、四棱豆
中部	金瓜、冬瓜、南瓜、西瓜
南部	茄子、冬瓜、金瓜

大寒 阳历 **1月20或21日** 【阴历：十二月】一年最寒冷的时节。

北部	甜菜根、菜瓜、茼蒿、菠菜
中部	菠菜、菜瓜、小白菜、甜菜根
南部	土白菜、蒲瓜、丝瓜

立春 阳历 **2月3或4日** 【阴历：正月】春季开始。

北部	茄子、西红柿、大葱
中部	空心菜、西瓜、黄瓜、甜瓜、荇菜、葱
南部	莴苣、姜、越瓜

雨水 阳历 **2月18或19日** 【阴历：正月】开始下雨。

北部	韭菜、结球莴苣、紫苏、辣椒、落花生、玉米
中部	番豆、甜瓜、黄瓜、丝瓜、紫苏、落花生
南部	茭白笋、莲藕、丝瓜、紫苏

惊蛰 阳历 **3月5或6日** 【阴历：二月】春雷响了，冬眠动物醒了。

北部	黄瓜、西瓜、甜瓜、姜、落花生
中部	姜、菜豆、茭白笋、落花生
南部	落花生、菜豆

春分 阳历 **3月20或21日** 【阴历：二月】春季过了一半；昼夜等长。

北部	苦瓜、空心菜、韭菜、肉豆、山药
中部	甘薯、黄瓜、姜、荇菜、肉豆、葱
南部	豆薯、苋菜、落花生、刺瓜、肉豆、荇菜

清明 阳历 **4月4或5日** 【阴历：三月】天气暖了，清和而明朗。

北部	莴苣、荇菜、豆薯、苋菜、落花生、甘薯
中部	莴苣、茭白笋、地瓜、马齿苋、大豆
南部	黑豆、四棱豆、芥菜、大豆

谷雨 阳历 **4月19或20日** 【阴历：三月】雨量增多，谷类长得好。

北部	茄子、辣椒、黄瓜、西瓜、大葱、韭菜、菜瓜、空心菜、落花生、甘薯
中部	辣椒、菜豆、大豆、空心菜、大葱
南部	大葱、菜豆、芥菜、空心菜

立夏 阳历 **5月5或6日** 【阴历：四月】夏季开始。

北部	红豆、芥菜、黄秋葵、甘薯
中部	菜豆、大葱、大豆、甘薯
南部	白豆、黑豆、萝卜

小满 阳历 **5月20或21日** 【阴历：四月】麦粒长得饱满了。

北部	大葱、黄瓜、茄子、菜豆、甘薯
中部	空心菜、土白菜、韭菜、蒜、白豆
南部	小白菜、空心菜、越瓜、大豆

芒种 阳历 **6月5或6日** 【阴历：五月】有芒的作物（麦类）成熟。

北部	小葱、黄瓜、茄子、菜豆
中部	土白菜、空心菜、韭菜、地瓜
南部	空心菜、小白菜、越瓜、大豆

夏至 阳历 **6月21或22日** 【阴历：五月】夏天到了；昼最长夜最短。

北部	小白菜、樱桃、萝卜、黄花菜
中部	黄花菜、土白菜、水芹菜
南部	水芹菜、越瓜、黄花菜、黄瓜

小暑 阳历 7月7或8日 【阴历：六月】天气开始炎热。

北部	甘薯、芹菜、越瓜
中部	黄瓜、菜豆、芥蓝、玉米
南部	辣椒、西红柿、土白菜

大暑 阳历 7月22或23日 【阴历：六月】一年最热的时节。

北部	花椰菜、土白菜、大白菜、甘蓝
中部	甘蓝、芥蓝、冬瓜、甘薯
南部	冬瓜、菜豆、黄秋葵、玉米、茼蒿、土白菜

立秋 阳历 8月7或8日 【阴历：七月】秋季开始。

北部	甘蓝、白豆、大葱、大豆、芹菜、花椰菜
中部	茄子、西红柿、芹菜、芥蓝、甘薯
南部	芥菜、甘蓝、玉米、甘薯、越瓜

处暑 阳历 8月23或24日 【阴历：七月】暑热的天气快结束了。

北部	芥蓝、菜豆、八月豆、甘薯、卷心菜
中部	西红柿、辣椒、八月豆、落花生、大豆、花椰菜
南部	甘蓝、花椰菜、落花生、大豆、茼蒿、甘薯

白露 阳历 9月7或8日 【阴历：八月】夜间较凉，会有露水。

北部	菜豆、花椰菜、黄瓜、菠菜、甘薯、辣椒、莴苣
中部	辣椒、花椰菜、菠菜、芜菁、莴苣
南部	荷兰豆、白菜、芥菜、落花生、大豆

秋分 阳历 9月22或23日 【阴历：八月】秋季过了一半；昼夜等长。

北部	胡椒、蒲公英、马铃薯、韭菜、莴苣、白菜、胡萝卜
中部	胡萝卜、牛蒡、甘薯、大葱、芜菁、茄子
南部	西瓜、苦瓜、胡萝卜、花椰菜、苦苣

寒露 阳历 10月8或9日 【阴历：九月】气温更低，夜间有露水。

北部	芜菁、荷兰豆、胡萝卜、马铃薯、豌豆、茄子
中部	茄子、豌豆、白菜、菠菜、马铃薯、荷兰豆
南部	马铃薯、苦瓜、西瓜、花椰菜、荷兰豆、甘薯

霜降 阳历 10月23或24日 【阴历：九月】开始有霜。

北部	马铃薯、卷心菜、胡椒、四棱豆、角菜
中部	辣椒、甜菜根、芜菁、西红柿、蒜
南部	芹菜、辣椒、西红柿、芜菁、甜菜根、苦苣

立冬 阳历 11月7或8日 【阴历：十月】冬季开始。

北部	马铃薯、菜豆、大茄子、四棱豆
中部	胡萝卜、百合、玉米
南部	西瓜、苦瓜、球茎甘蓝、大麦、小麦

小雪 阳历 11月22或23日 【阴历：十月】开始下雪。

北部	莴苣、芹菜、胡椒、芫荽、卷心菜
中部	马铃薯、大葱、玉米
南部	大葱、黄瓜、玉米

大雪 阳历 12月6或7日 【阴历：十一月】大风雪。

北部	冬瓜、南瓜、蒲瓜、卷心白菜、金瓜
中部	南瓜、蒲瓜、韭菜、萝卜、玉米
南部	西瓜、苦瓜、甜瓜、黄瓜、蒲瓜、玉米、韭菜

冬至 阳历 12月21或22日 【阴历：十一月】寒冷开始；昼最短夜最长。

北部	四棱豆、菜豆、萝卜、芜菁
中部	萝卜、玉米、南瓜、韭菜
南部	冬瓜、茄子、大葱、韭菜、萝卜

作者：谢东奇

本著作通过四川一览文化传播广告有限公司代理，由苹果屋出版社有限公司授权出版中文简体字版，非经书面同意，不得以任何形式重制、转载。

著作权合同登记号：第06-2014-154号。

图书在版编目（CIP）数据

阳台菜园 ：安心蔬菜自己种 / 谢东奇著. — 沈阳 ：辽宁科学技术出版社，2023.6

ISBN 978-7-5591-2928-4

Ⅰ. ①阳… Ⅱ. ①谢… Ⅲ. ①蔬菜园艺 Ⅳ. ① S63

中国国家版本馆 CIP 数据核字（2023）第 035530 号

出版发行：辽宁科学技术出版社
（地址：沈阳市和平区十一纬路25号　邮编：110003）
印 刷 者：辽宁新华印务有限公司
经 销 者：各地新华书店
幅面尺寸：185mm×235mm
印　　张：10
字　　数：180千字
出版时间：2023年6月第1版
印刷时间：2023年6月第1次印刷
责任编辑：李　红
版式设计：何　萍
责任校对：韩欣桐

书　号：ISBN 978-7-5591-2928-4
定　价：59.00 元

联系电话：024-23280070
邮购热线：024-23284502

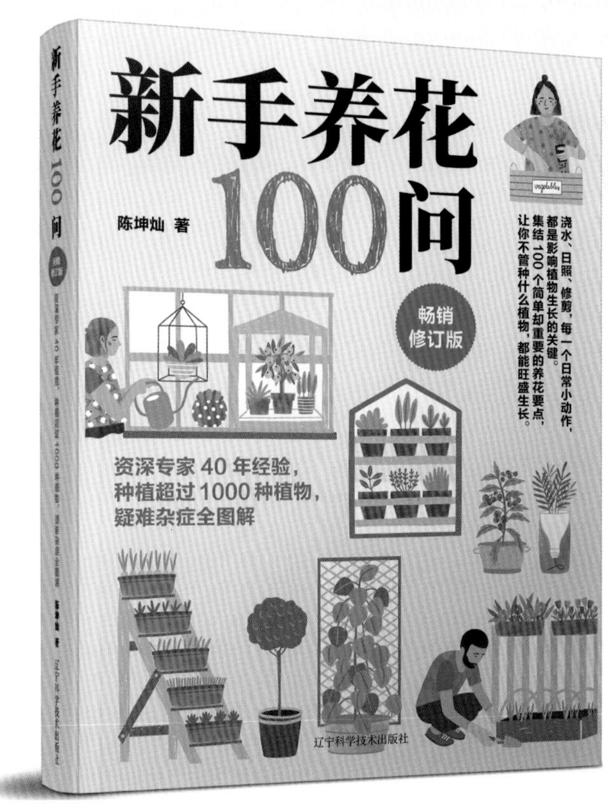

新手养花100问

资深专家 40 年经验，种植超过 1000 种植物，疑难杂症全图解

植物一定要施肥才能长得好吗？
明明按时浇水，为什么植物还是干枯凋零？
种植时，总会不断地遇到各种状况，
本书将一次性解答所有园艺爱好者的疑惑。

掌握五大方面，种植得心应手

- ◆ 重要观念：从植物、材料、工具的挑选，到学习分辨各种植物的差异，都是简单却又重要的课题。
- ◆ 适宜环境：如何打造合适的通风日照环境，如何掌握温度、湿度等，都需要先思考规划。
- ◆ 基本养护：何时该修剪？何时该施肥？做好日常管理，才能让植物保持生机盎然。
- ◆ 繁殖技巧：每种植物都可以进行扦插繁殖吗？繁殖方法有哪几种？图解各种繁殖方法与过程，享受成功繁殖的成就感。
- ◆ 防止病虫害：如何除去恼人的小飞虫？叶子总是被虫啃食怎么办？针对居家植物的抗病防虫计划。

作者：陈坤灿　出版社：辽宁科学技术出版社　ISBN：978-7-5591-2955-0

RHS 英国皇家园艺学会园艺指南

打造小空间花园的50个方法

这是一本花园设计的实用指南，
无论你拥有怎样的空间，
无论你的经验水平如何，
使用这本指南都能获得成长。

本书介绍了 50 个实用的建议和创意设计方法，包括如何精心地评估环境、如何选择合适的植物、采用什么样的工具、打造什么样的风格等，旨在使园艺变得有趣、有价值，对所有园艺爱好者都适用。还有一些简单的实操项目，配有详细的图解步骤说明和植物目录，教你掌握一些园艺小技能，帮助你完成花园创意设计和建造的全流程。

作者：[英] 西蒙 · 阿克罗伊德 出版社：辽宁科学技术出版社 ISBN：978-7-5591-2987-1